情绪自控力

钱 静◎著

中华工商联合出版社

图书在版编目（CIP）数据

情绪自控力 / 钱静著. -- 北京：中华工商联合出版社，2019.6

ISBN 978-7-5158-2506-9

Ⅰ. ①情… Ⅱ. ①钱… Ⅲ. ①情绪-自我控制 Ⅳ. ①B842.6

中国版本图书馆 CIP 数据核字（2019）第 082076 号

情绪自控力

作　　者：钱　静
责任编辑：吕　莺　董　婧
封面设计：天下书装
责任审读：李　征
责任印制：迈致红
营销推广：王　静
出版发行：中华工商联合出版社有限责任公司
印　　刷：河北飞鸿印刷有限公司
版　　次：2019 年 8 月第 1 版
印　　次：2019 年 8 月第 1 次印刷　2022 年 4 月第 2 次印刷
开　　本：710mm×1000mm　1/16
字　　数：450 千字
印　　张：20.5
书　　号：ISBN 978-7-5158-2506-9
定　　价：45.00 元

服务热线：010-58301130
销售热线：010-58302813
地址邮编：北京市西城区西环广场 A 座 19-20 层，100044
http：//www.chgslcbs.cn
E-mail：cicap1202@ sina.com（营销中心）
E-mail：gslzbs@ sina.com（总编室）

目录 Contents

第一章

情绪可转换，心情可自控

现实中，人常常有这样的现象：有时候本来挺高兴，却突然会被某些事情搞得要么情绪低落，要么七窍生烟，要么闷生闲气，要么暴跳如雷。这是为什么呢？是因为情绪发生了变化，因为不痛快的情绪发于心，所以从“无气”变成了“有气”，情绪从平和转向负面。

某天，小修和小平去逛街，两个人嘻嘻哈哈的很开心，后来小修在一个大店铺看中了一件衣服，就去了柜台结账，而小平正看其他衣服，由于小修把包挂在衣杆上去柜台，没交代小平，店里另一名店员看见小修的包，问了周围两个人，后将小修的包放到了店铺内室以防被人拿走，后来店员因有其他事没有及时出来。小修交完钱发现包没了，问小平，小平说没看见，两人十分着急，刚才的好心情全都没有了，当那个店员出来后知道自己拿的是小修的包，赶快拿出来，小修两人才放下心来，但对那个服务员产生了不满，认为他没大声问问，令自己着急。店员解释自己这样做是出于好心，小修两人仍气鼓鼓的，最终小修还是把衣服给退了。

这就是典型的因为一件小事坏了心情的例子。

相反，有时候人们也会因为一些事情的发生而一扫心中阴霾。

张宇和爱人近来关系有些紧张。张宇家在外地农村，以前老家“事”比较少，最近老家却接二连三出现问题，父母相继进了医院，花了不少钱，张宇也跑了好几趟。爱人带孩子累，加之上班，对张宇有了微词，张宇心情本就沉重，听了爱人的话，更加不舒服，两人就这样开始了冷战。过了几天，爱人回了娘家，和父母说了这事，父母劝女儿说：“谁人没有父母，孝敬父母是大丈夫行为。”女儿本是明理之人，回家后，对张宇不再冷脸，而是关心备至，还主动拿出钱来让张宇寄给公公婆婆，张宇十分感动，拉着爱人的手，脸上一扫多日来的阴霾，露出了幸福的笑。

人在生活中遇有不快之事，导致心情不好时，要赶快转换心情，这样所有的“不快”就会烟消云散。

人都有心情不好的时候，但如果总是陷在里面，那就是一个“傻人”了。

薇薇安是朱力的母亲。她优点很多，缺点也很突出，比如爱抱怨。一天中，她一会儿说生活难过；一会儿说丈夫没能耐，挣钱少；一会儿又说朱力不听话，花钱太多；她还总是说自己身体不舒服。一天到晚她的抱怨声充斥家中，弄得丈夫、儿子都不愿在家待，这样的结果又让薇薇安的怨气更大了。

生活中，每个人都会对现状有多多少少的不满，只是有些人把眼光放在整个现状上，对“不满”会一分为二，很快转换情绪；而有些人则是把眼光放在自己“不满”的事情上，结果抱怨、难过等负面情绪全出来了。负面情绪是一种令人反感的情绪，如果不把它尽快消除，人的情绪就不会稳定，心情也会被负面情绪控制。

有这样的一个故事广泛流传：

罗勃·摩尔是一艘美国潜艇上的瞭望员。有一天清晨，他从潜望镜中看到远处的一艘敌舰正向自己舰艇逼近。之后，罗勃·摩尔所在潜艇下沉至水下83米深处。在生死难卜之际，摩尔不断地反问自己："难道我的死期真的来临了吗?"寂静的船舱中，摩尔回想起自己以往生活中的一切——为买不起房子发愁、为一些生活琐事和妻子争吵、为孩子调皮生气、为工资少恨不能与老板吵架等。但现在面对死亡威胁，摩尔突然觉得那一切都不算什么，过去的回忆显得格外珍贵。大约15个小时之后，敌舰撤了，摩尔他们的潜艇又重新浮上了水面。从此，摩尔更加热爱生命，开始珍惜生活的一点一滴。他说："对于生命来说，世界上的任何烦恼与忧愁都是那么的微不足道。"

每个人都难免会有情绪低落的时候，这是人们正常的心理反应，但若是"用情"过度就会伤及身体及心理。很少有人生来就能控制情绪，因此，人在日常生活中应该学会去适应环境，调节心情，在遇到情绪冲动时采取"缓兵之计"，让自己先冷静下来，分析事情的前因后果，然后再采取行动，尽量避免因情绪冲动而产生“史华兹效应”。

所谓的“史华兹效应”是指所有的坏事情只有在人们认为它是不好的时候才会成为真正的不幸的事情，所以，当人们情绪不好时，要及时从不好的情绪中摆脱出来，转换思路，让心态变得平和、积极。换句话说，好心态决定人的好心情。

中国古人早有转换思路看问题的智慧，老子曰：祸兮福所倚，福兮祸所伏。他认为福祸是相互依存的，因此，要正确看待事物的两方面，心情不要随着眼前的得失或者事情的好与坏而变化。因为坏事情也可能转化成好的局面，好事情也可能转化成坏的局面。

现今，许多人都在祈求所谓的顺境和好运，殊不知，所谓的“逆境”和“厄运”如果能够正确对待，也可以有好的结局。塞翁失马的故事想必大家都不陌生吧，故事中的塞翁就是一个情绪能转换、心情可自控的积极之人，是一个面对困境充满人生智慧之人。

战国时期，北部边城住着一个老人，名叫塞翁。塞翁养了一匹马。一天，他的马忽然走失了。邻居们听说这件事，都跑来安慰，劝他不必太着急，年龄大了，要多注意身体。塞翁见有人劝慰，笑了笑说：“丢了一匹马损失不大，而且没准会带来什么福气呢。”邻居们听了塞翁的话，心里觉得很好笑。马丢了，明明是件坏事，他却认为也许是好事，显然是自我安慰而已。谁知，过了几天，丢失的马不仅自动返回家，还带回一匹匈奴的骏马。邻居们听说了，对塞翁的预见非常佩服，向塞翁道贺说：“还是您有远见，马不仅没有丢，还带回一匹好马，真是福气呀。”塞翁听了邻人的祝贺，反而一点高兴的样子都没有，他忧虑地说：“白白得了一匹好马，不一定是什么福气，也许会惹出什么麻烦来。”邻居们以为他心里高兴，有意不说出来，于是都散了。

塞翁有个独生子，非常喜欢骑马。他发现带回来的那匹匈奴的马顾盼生姿，身长蹄大，嘶鸣嘹亮，彪悍神骏，一看就知道是匹好马。于是他每天都骑这匹马出游，心中扬扬得意。一天，他高兴得有些过火，打马飞奔，一个趔趄，从马背上跌下来，摔断了腿。邻居们听说，纷纷跑来慰问。塞翁却说：“没什么，腿摔断了却保住性命，或许是福气呢。”邻居们觉得他又在胡言乱语。他们想不出，摔断腿会给人带来什么福气。不久，匈奴兵大举入侵，青年人被征召入伍，塞翁的儿子因为摔断了腿，不能去当兵。入伍的青年都战死了，唯有塞翁的儿子保全了性命。

故事中的塞翁是一个情绪自控力很强的人，他能正确处理得与失的关系。然而日常生活中并不是每个人都能这么控制自己的情绪。比如，当遇到与自己有关的矛盾冲突时，要么立刻反唇相讥，要么双方“火”起争执，最终结果要么不欢而散，要么彼此伤了和气，甚至有人在暴怒之后后悔不已。因此，学会调控自己的情绪是一个人走向成熟的标志，也是在现实中迈向成功的重要基础。

在现实中，人们会遇到各种各样的事情，与此同时情绪也会跟着跌宕起伏。人在面对外界各种影响的时候，要做到自控情绪，不冲动，不着急，即使是遇到困难时也要保持冷静心态。因为，如果情绪起伏，就会产生不良情绪。而任由消极情绪发展，这种情绪就会变成阻碍人生航程的暗礁。所以唯有及时自控才能使自己理智，才能使人际关系更加和谐，也才能更好地维持自己的平和心态。

生活中能自控的人不论在什么时候都能感受到光明，世界在他们的眼中总是流光溢彩的。那么，怎样控制自己的情绪，调节自己的心态呢？

现实是客观存在的，不管你喜不喜欢，都要接受并承认它，这是驾驭情绪的第一步。接下来，认真分析自己对事物的反应激烈程度，如果心中怒火已被引燃，此时要给自己的情绪降温，让头脑冷静下来，让情绪的火焰慢慢熄灭，让理智做出最佳的抉择。

举个最常见的例子：在生活中，当我们遇到别人对自己说了一些刺伤、批评、羞辱的话时，是火冒三丈，气呼呼地骂回去，还是忍气吞声地压下来，然后越想越气，使整个情绪都大受影响呢？对于一个常人而言，很难在这种情境下控制住自己的情绪，但是对于一个能够自控情绪的人而言，他却可以心平气和地面对逆境，面对不逊之言泰然处之。请看下面的故事。

有一天，一个人在行经一个村庄时，因走错路误入到一户人家，那家人口出秽言，认为赶路者打扰了自己。这人站在那里仔细地静静地听着那家人的辱骂之言，然后说："对不起我走错路了，打扰你们了，我正赶路，今天必须赶到目的地。不过等明天回来之后我会有较充裕的时间，到时候如果你们还有什么话想对我说，我再过来听好吗？"

那家人简直不敢相信他们耳朵所听到的话，以及眼前所看到的情景，其中一个人问赶路者："难道你没有听见我们骂你的话吗？我们把你骂得如此激烈，你难道没有任何反应吗？”

赶路人说：“没关系，你们说的话我都认真听了。但我不是情绪的奴隶，我是自己的主人。我不会跟随着别人的行为而使自己的情绪忽高忽低地波动。”

当一个人让别人掌控自己的情绪时，一定会觉得自己是受害者，他们对现状要么无能为力，要么抱怨与生气，而愤怒与反击成为了他们唯一的选择。但一个能够自控的人却始终以平和的心态把控自己的思想，握住自己情绪的钥匙，不让情绪高低变换。这种人情绪稳定，忍让宽容，能以平和大度之心对待他人的“大不敬”，于人于己都不会带来任何精神压力，和这样的人在一起其实是一种大快乐。

不蔓延坏情绪，不放纵坏心情

现实生活中，总会有这样的人，他们的坏情绪由于不能及时自控，就会蔓延，最终把自己“烧”了起来；还有些人放纵自己的坏心情，不仅让自己心情坏上加坏，还影响到周围的人。比如，家庭中如果有一个人有坏情绪或坏心情而不加以控制，任坏情绪四处蔓延，坏心情肆意放纵，怒火就会一触即发，会把自己和家人“烧”得遍体鳞伤。

心理学中曾有一个著名的“烂苹果法则”，即苹果箱里有一个烂苹果，如果不及时挑出，整箱苹果最终都会烂掉。

人的坏情绪就像烂苹果中的细菌，它会迅速蔓延，把苹果箱中的其他苹果弄得更烂。“烂苹果”的可怕之处是它有着惊人的破坏力，一个人甚至一群人都可能被它吞没，其危害性不容低估。所以人在工作和生活中要是不能克己制怒，就会让坏情绪成为“害群之马”，既伤害自己又伤害他人。所以当人发现自己有坏情绪要爆发的苗头时，赶快采取必要有效的措施缓解情绪，让自己平静下来，趁那一个“烂苹果”没传染其他苹果前，把它们及时清理掉，防患于未然。

愤怒，是人们因生活中的不满意而产生的负面心态。无论是成人还是孩子，在遇到令自己不满意的事情或者自己的意愿得不到满足时，都会表现出生气甚至愤怒的情绪。“愤怒简直就是魔鬼”，有人曾对愤怒做出这样简单的解释。的确，人在生活中如果无法掌控自己的愤怒情绪或坏心情，不仅会影响他人，还会伤及自己。

巴顿是一位举世闻名的美国传奇将军，他作战勇猛顽强，在第二次世界大战中战功显赫，有“血胆老将”之称。但是这位美国的四星上将却生性暴躁，并屡屡因此险些破坏同盟，命丧黄泉。第二次世界大战期间，盟军完全占领德国后，为庆祝战胜纳粹而举办了盛大的阅兵式，巴顿将军也参加了盟军的阅兵式。出于对这位美国名将的钦佩，苏军将领派联络军官和一名翻译来邀请他去喝酒，没想到巴顿居然出言不逊骂人。他的话吓坏了翻译，但他却命令翻译一字一句地直译过去。当时美国和苏联都是同盟国的主力，罗斯福、斯大林、丘吉尔费了九牛二虎之力才结成了同盟，巴顿的出言不逊差点酿成了一起严重的外交事件。由于战争仍在继续，国家还需要这位勇不可当的将军，所以巴顿没有因此被追究责任，不过巴顿的生性暴躁也为他以后被赶出第3集团军埋下了伏笔。作为一名战功显赫的将军，巴顿本来是前途光明的，但正是他的生性暴躁使其葬送了自己的前程。

人活着是为了什么？有人说为了快乐，有人说为了幸福，有人说为了成功……但肯定没有一个人说人活着是为了生气、愤怒的。生气、愤怒不仅会使人赔上自己的声誉、工作、朋友和所爱的人，还会严重影响个人的身心健康和对事情的判断。

一天小红男友开车来接她下班。两人坐在车上正商量着去哪里吃晚餐时，却因为停车收费问题与收费员发生了争执。

收费员说话声音小，小红和男友没听清，让收费员再说一遍，收费员提高了声音但明显带着情绪，小红和男友听后有些“上火”，但为了不破坏共进晚餐的好心情，小红从钱包里掏出5元钱递了过去，想尽快离开。不巧，钱在经过停车管理员的收费窗口时落到了地上，收费员认为小红是故意的，于是不放行，坚持要小红再交5元钱。

这样一来，小红与男友的火气飙升到了极点。男友打开车门，冲出来与收费员扭打了起来，小红也赶忙跑过去助阵。在推搡的过程中，小红把收费员推倒在地，收费员的头碰到了桌子。后来经过收费站的其他人调解，收费员才承认自己不对，并向小红他们道了歉。

本想事情就这样结束了，但出乎小红意料的是，一个月后，小红却接到了一张法院传票。

原来，那个收费员脑部受到碰撞后留下了后遗症，经检查需一定的费用以进行治疗。收费员要求小红赔偿他10万元的医药费用，而且以故意伤害罪控告了小红及男友。

经过法院判决，小红及男友的故意伤害罪成立，并应赔偿所有医药费用。小红及男友因为没有控制好情绪，最终使自己受到了“天降之灾”。

小红和男友为了区区5元钱而把自己陷入如此境地，真是太不值得了。不能克己制怒的人往往会激化矛盾，后果不堪设想。所以，无论何时何地，人都要学会控制情绪，学会制怒 。尤其是遇到难堪时，多一点忍耐；遇到挑衅时，多一点理智；遇到不顺时，多一点智慧。不要让一时冲动扼杀了自己的快乐与幸福。

是啊，没有谁喜欢有事儿没事儿就“发火”，但却有一些人有爱发脾气的坏习惯；还有些人说自己脾气本来很好，是别人偏要惹自己生气。这些其实都是为自己控制不住脾气找的借口，因为坏情绪、坏心情都是自己造成的。比如，有些人在冷静下来之后，才发现那些惹得自己大发脾气的事情其实没什么大不了的，不过是自己当时太较真儿了；还有人在生气过后发现，引起自己生气的事情是自己理解错误造成的。所以，人在满腔怒火袭来的时候，一定要告诉自己：冷静、冷静、再冷静。如果感觉自己的怒火马上就要爆发，也一定要把制怒的念头在脑子中多转几圈，控制一下自己的心情。很多时候人在一触即发的关头如果能控制住自己的情绪，事情或许就有所转机；如果不加控制而任由情绪像脱了缰绳的野马四处乱撞，则会惹出大的是非。

当然，要求人完全做到不生气也是较难的事，但人应该努力去尝试。因为，如果我们改变不了某件事情，最好就改变对这件事情的态度，否则，为某件事情而发怒、生气是毫无意义的。

在很多事情中，人的情绪会受到种种考验，有些人往往不是倒在解决问题的能力水平不够上，而是倒在自己不良情绪上。比如，有些人听说一次本该到手的晋升机会给了另一个同事时，可能会暴跳如雷进而悲观失望，甚至觉得自己的一生都没指望了，但实际上，也许这次关上了幸运之门，在别处悄悄打开了另一扇窗。所以，人不要放大自己的负面、消极情绪，不要任凭不良情绪发展，无论遇到什么对己不利的情况，都应心态淡定，向前看，争取未来更广阔的发展空间。

克己制怒需要修炼心性的忍耐力，这一点并不容易做到，正所谓“忍字头上一把刀”。但没有忍，就没有人际关系的和睦，没有相处时的温情；没有忍，控制情绪就是纸上谈兵，不仅人与人相处不会融洽，甚至总是会起纷争，给彼此带来伤害。

有些时候，人们之所以不能压抑住心头的怒火，并不是一件事情本身让人们愤怒，主要原因是人们急躁的心态和不能冷静思考的态度。因此，调整态度，转化思路，考虑问题的方式就会随之改变了，这样处理事情就会有比较好的结果。有这样一个人们耳熟能详的故事流传至今：

古时候，有甲、乙两个秀才去赶考，路上遇到了一户人家抬着口棺材办丧事。甲又急又气地说：“真倒霉，碰上了棺材，这次考试死定了。”

乙又惊又喜地说："真幸运，棺材棺材，升官发财啊，看来我的运气来了，这次一定能考上。"

结果，乙真的考上了，而甲也真的名落孙山了。

赶考的甲、乙二人学问上本来并无太大差别，但最后结果不同，这与其说是一种巧合，不如说是他们两人以不同的心态看待事情才有了迥然不同的结果。可见，即使是对相同的一件事，每个人看待事情都会有不同看法，看法不同，心态不同，对情绪会产生不一样的影响。有人说，一个人的性格是好还是不好，不能强调天生或者外在的因素，而是要有自己的心态"控制阀"。

还有这样一个佛教故事广为流传：

有一个小徒弟向盘珪禅师请示："我天生心急，曾受师父指责，我也知道必须要改正，但心急已经成了习惯，始终没有办法改正，禅师您有办法帮我吗?"

盘珪禅师非常认真地回答："你如果能把心急的习气表现出来，我就可以帮你改正。"

小徒弟说："此时不心急，但有时会突然心急。"

盘珪禅师微微一笑说："这就说明了你的心急时有时

无，不是习性，更不是天性，本来并没有，而是触境而生、不会控制的结果。父母给你的，只有本心，没有其他的，因而心绪要靠你自己来控制和把握。”

后来，盘珪禅师圆寂后，住在寺院旁的一位盲人对那个小弟子说：“我虽眼瞎，看不到禅师的面孔，但却能从他说话的声音中判断出他的性格。比如，有些人生气的时候说话会带着怒气；对幸福者或成功者的祝福语中，会有嫉妒的愤愤不平；对不幸者或失败者的安慰语中，有颐指气使的傲气。但是，盘珪禅师对人说话的声音始终是真诚无伪的，不管是他向人宣示快慰之情还是循循善诱之时，那种声气完全是从他的心中自然流露出来的，平静得像波澜不惊的流水一样。”

小徒弟听了后，不由得衷心赞美盘珪禅师说：“我们师父的禅心，是他修炼得好啊。”

人人都有一颗心，能否自控，真的要看自己。人只要不蔓延坏情绪，不放纵坏心情，就会放下愤怒、怨气等负面、消极情绪，让好心情永驻心间。

适时宣泄坏情绪，保持心灵不蒙尘

人在生活中会遇到各种烦恼问题，在工作中也会产生不良情绪，这都是正常的现象，但人如果摆脱不了这些问题，那么不良情绪就会如影随形地伴随在他的左右，这样，不良情绪就不得不成了他的一副“重担子”。而人长时间摆脱不了压在身上的“重担子”，不能及时宣泄负面情绪，那么达到一定程度，人就会变得急躁、烦闷和怨气冲天。这是因为人太在乎那些琐事的烦恼了，不能把控情绪。

生活到底是沉重的，还是轻松的？这全都取决于我们怎么去看待它。有时候，人们莫名其妙、毫无理由地心情不好，干什么事都提不起精神来，就像一年有春夏秋冬四季变化一样，人的情绪也有周期性的变化，比如，有人说“秋冬”爱发脾气，“春夏”心情舒畅。为什么会这样呢？

心理学上有一个著名的“霍桑效应”，即所谓的“宣泄效应”。霍桑工厂是美国的本部电器公司的一家分厂，为了提高工作效率，这个厂请来了包括心理学家在内的各种专家，在约两年的时间里找工厂中的工人谈话两万余次，认真听取工人们对管理的意见和抱怨，而工人们把他们心中对管理制度和管理者的意见均尽情地宣泄出来，然后管理者根据工人们提出的要求改进管理制度，而工人们在新的管理制度下的工作效率比之前则大大提高，这种现象后被称为“霍桑效应”。

“霍桑效应”带给人们的启示是，人在工作和生活中必然会产生各种问题和不良情绪，对那些未能实现的意愿和未能满足的情绪，切莫压制下去，而应将其宣泄出来，这样对人的工作和生活以及身心健康均大大有利，相当于把人的心灵洗刷得更加干净了。而当一个人清空了心中的“垃圾”，他的心情能更加明媚，浑身轻松地愉快工作和生活。

很多人对工作、生活充满了怨言，整天都是一副郁郁寡欢的样子，“不想”“不感兴趣”“生活真是糟糕”“够了”等成为他们对每件事情的回应。还有一些人说：“这个世界真的容不下我，领导、同事、朋友乃至亲人都不了解我——又烦又没劲！”

仔细想想，很多时候，人像处在人生的海洋中，犹如一只游动的鱼，本来可以自由自在地游动，寻找食物，欣赏海中世界的景致，享受生命的丰富情趣。但突然有一天，遇到了珊瑚礁，本来没什么大不了的，但非要说自己陷入绝境，其实这就是自己给自己营造了心灵的“死胡同”，然后无法走出来。其实珊瑚礁也是海中风景的一部分，如何游过是对鱼的考验。

有这样一个故事：

他是一名普通的汽车修理工，生活虽然勉强过得去，但离自己的理想还差得很远。每天他都感到心头的压力很大，希望能够换一份更好的工作。有一天，他听说另一个城市的一家汽车维修公司在招工，便决定去试一试。他周末到达那里，面试的时间是在星期一。

吃过晚饭，他独自坐在旅馆的房间中，想了许久，把自己多年经历过的事情都在脑海中回忆了一遍。突然间，他感到一种莫名的烦恼和哀怨：自己并不是一个智商低下的人，为什么至今依然一无所成，毫无出息呢？

他取出纸笔，写下了4位自己认识多年、薪水比自己高、工作比自己好的朋友的名字。其中两位曾是他的邻居，现已经搬到高级住宅区去了；另外两位是他以前的朋友，现在创业做了老板。他扪心自问：与这4个人相比，除了工作以外，自己还有什么地方不如他们呢？是聪明才智吗？凭良心说，大家的智商好像差不多。

经过很长时间的反思，他终于悟出了问题的症结——自己性格上有缺陷，不能及时排遣心中的消极、负面情绪，于是经常因为各种压力而看不开，所以心里烦乱，有时会不分对象和场合乱发脾气，所以自己的“人脉”比他们差多了，机会也少了很多；同时，由于自己经常心情不好，情绪差，导致自己判断事情不能从正面出发，影响了自己的判断力。在这一方面，他不得不承认自己比他们差了一大截。

那天，他反省自己到深夜3点钟，但他的头脑却出奇地清醒。他觉得自己第一次看清了自己，发现过去很多时候都是因为自己不能控制好情绪而使心情沉重，于是常带着怒气、怨气与人交往。这种负面情绪还让自己私心重，不能和人很好交流、合作，因此事业不顺。他痛下决心：从今以后，绝不能让自己心里再背着沉重的包袱，诸如苛责、抱怨、愤怒等，心中有压力也不能对别人恶语相加，要完善自己的性格，保持平和的心情，学会控制情绪，让自己放松一些。

第二天早晨，他心情愉悦地去面试，结果顺利地被录用了。从此，他不断提醒自己，做个性格平和的人，做个不抱怨的人，做个不怕吃亏的人。他的性情彻底改变了，在工作中、生活中，他所认识的人都认为他是一个乐观热情的人，和他在一起无论工作、生活都觉得很快乐，很轻松，他的事业也越来越顺利。

有的人常把不高兴的事挂在嘴上，搞得自己情绪不稳定，心态很消极；倘若再不善于与人沟通，常常责怪别人的不是，影响了大家的心情，自己更是觉得委屈。在这样一种怨天尤人的心态下，旧怨未消新怨又在等着他，怎么能够开心呢？所以，当遇到不愉快的事时不要自己生闷气，而应学会先找自己的问题。

放下心灵的“包袱”，让好的情绪回归，这会为自己提供一种向上的力量，对人生会有很大的促进作用；如果一个人经常反思自己，摆脱心中的压力，他的工作、生活就会出现好的“势头”。人在面对困难与打击时，若不能有效控制自己的情绪，总抱怨“怀才不遇”或遇人不淑，就会在工作中、生活中蹉跎，一事无成。人之所以会产生不良情绪，很多时候是因为把问题、矛盾扩大化了。

心灵蒙尘的人会让狭隘和自私挡住了自己的视听，不能感受到世界的美好和人间的温情。赤橙黄绿青蓝紫，七彩人生，各色不同；酸甜苦辣咸，五种味道，各有所好；喜怒哀乐悲恐惊，七种情感，品之不尽。有人曾说，如果你因错过了太阳而流泪，那么，你也会错过群星闪烁。或许这话听起来有些绝对，但是，其中的道理却是值得我们深思的，比如说如果你因错过了今天的机会而流泪，那么或许你也会错过明天的机会，这其实是一个道理。因此，我们既要懂得放下过往，学会遗忘让自己不开心的事情，珍惜每一天属于我们的时间，而且还要把每一天都看成是自己生命中最晴朗的日子，认真地过好每一天，每天都清洗一下自己的心灵，不让心灵蒙尘。

决定一个人好运的不仅是自己所处的环境，也包括自己是否有一个明媚的好心情。人如果拥有好的心态，就能驱散心中的阴霾，赶走内心深处的孤独和失意，让灿烂的笑脸常驻面容，自然会减少许多怨气、怒气及负面情绪。

放下执着一身轻，心怀快乐天天宁

人之所以烦恼，在于有过多的执着，即把很多东西看得很重，如钱财、事业、名声、地位等；人之所以痛苦，在于总不切实际地追求，尤其是对那些可望而不可即的东西。

放下执着，没有什么高深的技巧，只需要一种不急功近利的淡然心态。去除痛苦，没有什么特殊的方法，“放下”就可做到。

一位老和尚带着小沙弥要过河，在河边遇见一个少女。河水上涨，少女过不了河，老和尚大发慈悲，背着少女渡河。

过了岸，老和尚放下少女，继续向前走。走了好一阵子，小沙弥突然对老和尚说：“师父啊！您不是告诉过我，佛门不近女色，您怎么可以背着少女呢？”

老和尚听了，笑着回答说：“我都已经‘放下’了，你怎么还‘背着’呢？”

无独有偶，还有这样一个故事：

宋朝理学家程颢、程颐两兄弟，平日生活极为严谨，远离声色。

一日，兄弟俩同行赴宴，主人请来歌妓作陪。兄程颢谈笑风生，神色自若，丝毫不受影响，弟程颐却紧张严肃，话都不说一句。

回来路上弟问哥："吾道中人不与歌妓为伍，吾兄怎么做到视若无睹？"

程颢笑道："当时座中有歌妓而我心中无歌妓，如今路上无歌妓而你心中仍有歌妓。"

看看，这两个小故事，都讲述了"放下"的道理。生活中、工作中，人都会遇到所谓"放不下"的问题，遇到这类事情，要有"面对它、接受它、处理它、放下它"的心态。面对它，就是不回避它；接受它，就是认真思考它；处理它，就是思维要灵活，只要不触犯底线，正确对待；放下它，就是不让它影响、左右自己的情绪，这样，就是做到了"放下"。

人难以克服的情绪弱点实际上就是"拿得起，放不下"。"拿得起”，顾名思义就是想做什么就做什么，敢作敢为，当机立断。而要做到“放得下”，就难了。很多人把“放得下”变成了“放不下”，纠结、犹豫、踌躇，最后导致情绪不好，心情郁闷，烦恼产生，越想越生气。

人只有自己制造快乐的心境，不把荣辱毁誉当成自己工作、生活的标准，才不会因为种种事与他人斤斤计较，才不会因为说错一句话而担惊受怕，才不会因为做错一件事而惴惴不安。人无完人，对事情“放得下”，就能虚心接受逆耳的忠言并会报以豁达之心，听到谗言诽谤就会一笑了之而不予争辩。

《菜根谭》有言：“仁人心地宽舒，便福厚而庆长，事事成个宽舒气象。鄙夫念头迫促，便禄薄而泽短，事事得个迫促规模。”这段话的意思是说，智慧的人心胸宽广，因此福泽深厚、吉庆绵长，事事处理得非常好；而没有智慧的人，福禄薄短，处事格局很小。

一个师父外出回来，带回了一包核桃，师父拿出一颗给小徒弟，小徒弟高兴地用小锤准备敲开核桃。师父看见这一幕，忽然意识到这是一个启发弟子的好时机，便伸手拦住了他，接着又从那包里数出十七颗，一一摆在桌上，要求他把这十七颗核桃分成三份——师父一份，师兄一份，他自己一份，并且小徒弟的是桌上核桃的二分之一，师兄的是桌上核桃的三分之一，师父的则是桌上核桃的九分之一；核桃不能敲开，也不能剩下。这可难住了小徒弟，他无论如何也不能按师父的要求分开，急得抓耳挠腮，还是毫无办法。师父见状，在一旁启发道："要是有十八颗核桃就好分了，是不是？"

小徒弟非常机灵，一听这话，知道师父是在提醒自己，赶紧把手里那颗还没来得及吃的核桃拿出来，凑成了十八颗，这样难题就迎刃而解了。更令他高兴的是，他先前准备吃的那颗核桃仍然属于他。

师父进一步说："解开这道题的关键是你必须要舍得，你要是舍不得把自己手里的那颗核桃拿出来，这道题就永远不能解开。而且，即使你舍了已经拥有的东西，你也还是什么都不会损失。解题是如此，人生又何尝不是这样呢！"

"放下"是一种不执着于物欲的人生高境界。人世间的富有、满足、痛苦、悲伤、无助其实都是相对的，每个人都背负着巨大的生活、工作压力，每个人都活得不容易，因而，没有必要为了一些利益得失或不尽如人意的事而时时生气、处处烦恼。倘若总这样，人会很容易迷失在思想的路途中，不知道自己的真正目的是什么，而“放下”从大局上来看，反而可能是有收获，至少收获了轻松的心情、轻装前进的动力。

很多时候，人要想有所收获，并不是紧紧抓住手中的东西不肯放手就能获得，就像手中的沙，你越是紧紧地攥住它，手里的沙就越少。而所谓“舍得”，是说有舍才有得，时时处处能舍，时时处处可得。

“良田千顷，日食究竟几何？大厦万间，夜眠不过八尺。”即使人拥有了想要的所有财富，如果天天生气，日日烦恼，也丝毫感受不到财富带来的乐趣。人只有放下自己沉重的负担，清理自己“繁杂”的心房，保持心静如水、乐观豁达的态度，才是轻松快乐、心胸宽广的。所以能拿得起再放得下，就可在人生之路上走得顺畅和潇洒。

有时候，人的心就像一间封闭的房间，里面装满了种种的烦恼，像失去所爱的悲伤、无法实现愿望的痛苦，等等，这些东西锁在人心这所“房子”里，找不到出口，横冲直撞，让人心情愈加烦躁。而为了排解这些坏心情，有人借酒消愁，有人大吃大喝，有人疯狂购物，有人大发脾气……但这一切方法的效果都不是那么明显，这是因为人们忘了解决问题最简单也最有效的方法——“放下”。放下会赶走心中所有的不快，让快乐不断进入，这样就能神清气爽过好每一天。

梦窗国师有诗云：“青山几度变黄山，世事纷飞总不干。眼内有尘三界窄，心头无事一床宽。”人如果行也安然，坐也安然；穷也安然，富也安然；宠辱不惊，看庭前花开花落；得失无意，随天际云卷云舒，这才是真正的“放下”的智慧。

当然偶尔“放下”执着，把忧郁驱逐出心境，任何人都可能做到，但天天“放下”，很多人就做不到了。人最大的缺点是不肯敞开心扉，不肯清理自己心房的“垃圾”，结果让心中的“包袱”越加沉重，最后压得自己喘不过气来。

人只有乐观豁达地将功名利禄“看穿”，将胜负成败“看透”，将毁誉得失“看破”，保持一颗光明的心，才可以体会到生活中的轻松和愉快！追求美好的生活是人的天性，也是人类生存和社会进步的动力，在追求中兼顾“放下”的智慧，会使激昂的人生主旋律增加些美丽的音符！

克服“情绪短路”，铲平“心理斜坡”

人会发生“情绪短路”、“心理斜坡”的现象，那么，什么是“情绪短路”、“心理斜坡”现象，它们又是怎样发生的呢？

从心理学上讲，人的情感在受到外界刺激时，具有多维性和两极性。每一种情感都有不同的等级，还有着与之相对的情感状态，如爱与恨、欢乐与忧愁等，他们都有不同的级别和维度。情感的等级越高，人越容易形成“心理斜坡”，落差也就越大，情感也容易向相反的状态转化，“心理斜坡”就这样产生了。因此，当人意识到自己情绪上和心理上的变化时，要及时自控，比如当怒起心头时要马上让自己冷静下来，控制自己的怒气，使情绪尽可能稳定，这样“心理斜坡”就不会产生了。

管理大师梅菲提出了一个著名的梅菲定律，意思是说如果人预料之中的事没有发生，而预料之外的事却发生了，人就会出现较大的情绪波动，这就是“情绪短路”。他由此归纳出一个心理学现象：凡事好像射点球，平时怎么踢怎么中，但越关键的时候越容易失手。这也就是人们所说的“关键时刻掉链子”。

所以，为了避免“情绪短路”，就要在突发情况引起情绪剧烈波动时尽力使自己情绪恢复平静。当“情绪短路”出现时，要理智地考虑一下前因后果，不要只顾一时的冲动，有意无意地对他人造成伤害；也不要因为一句侮辱性的言语完全把对方激怒，把深厚的友情葬送。

人适当地“糊涂”一点是医治“情绪短路”、“心理斜坡”的良方。对人对事，只要不是原则问题，就大可不必事事计较谁是谁非，少去考虑个人得失，不去时时分析谁占了我的便宜，不去常常思量自己有没有吃亏，这样既是善待了自己，也是在呵护别人的情感。

克服“情绪短路”、“心理斜坡”要加强理智对情绪的调控作用。古语云“物极必反”，即是提醒我们，“乐极”“气极”“怒极”都不好，应该时刻注意保持适度的冷静和清醒。在欢乐、顺心时，也要主动给情绪降温，避免激情过于强烈；遇苦闷或情绪转入低谷时，依然要保持积极乐观的心态去笑对生活。

有一位情绪急躁的女子婚后不久就和丈夫不睦，总是因为各种小问题和丈夫大发雷霆，自己还感到很委屈。父亲听她说了情况后，拿出一张白纸在上面画了一个黑点，然后拿着纸问女儿："你看，这是什么?"

女儿答道："黑点。"

"你再仔细看看。"

女儿仍是回答："还是黑点呀。"

父亲说："难道除了黑点，你就没看见还有这么大一张白纸吗?"

女儿点了点头，神情有些茫然。

回到家中，她仍然在想白纸与黑点的事情，突然，她从中领悟到了一个道理：自己总去找丈夫的缺点，并放大其缺点，竟没发现丈夫有许许多多的优点，这时她才意识到自己是"入芝兰之室，久而不闻其香"了，并不是丈夫不好，而是自己的情绪时常会发生"短路"，对丈夫求全责备，所以在她眼中，看到的只是丈夫的缺点，看不到丈夫的优点，最终引起了许多不必要的家庭争端，伤害了彼此的感情。

台湾著名作家柏杨说："事物都有正反两个方面。如果在白纸与黑点面前，只注意黑点而忽略了整张白纸，那么，你的眼中就是一个黑色的世界，它逼你承受压抑、失望和痛苦，怨天尤人、郁郁寡欢的心情就会代替原本属于你的快乐和幸福。如果你注意的是整张白纸而不是黑点，那么，你心灵的天空就必然洁白、明朗、宁静，烦恼和痛苦也就会离你而去……”“情绪短路”、“心理斜坡”都会导致人只盯黑点，看不到白的世界，因为终日盯着别人的缺点而导致自己也被烦恼所困扰，感受不到幸福的存在。其实，黑也罢，白也罢，只要人善于换一个角度去看，都能看出“美”来。

寒山问拾得：“世间谤我、欺我、辱我、笑我、轻我、贱我、恶我、骗我如何处治？”

拾得答：“只是忍他、让他、由他、避他、耐他、敬他、不要理他。”

这个故事解释的人生哲理如此简单，告诉我们对待生活也要如此。所以，人不管面对什么人什么事，始终保持不急不躁的心情，看人两面看，就不会纠结自己内心不满、怨气了。

心平气和、淡然处之的态度是人的一种修养。一些人常“怒从心头起”，这样的极端行为不仅解决不了遇到的问题，反而会使自己的情绪走入“死胡同”。

人只有学会控制情绪温度，铲平“心理斜坡”，才能宠辱不惊、毁誉不气，不让过激的情绪灼伤自己和他人的大脑，不发脾气，不对别人指手画脚、颐指气使，才能在安静中透着威严和魅力，平和中显露着大度和从容。人在成长过程中都会有控制自己“情绪短路”的密码，有铲平“心理斜坡”的方法，这个密码、方法应牢牢掌握在自己手中，不能把它交给别人掌管。

一位女士抱怨道：“我活得很不快乐，因为先生常出差不在家。”女士把快乐的钥匙交到自己先生手中。

一位妈妈说：“我的孩子不听话，叫我很生气！”妈妈把快乐的钥匙交到孩子手中。

一位男士说：“上司不赏识我，所以我情绪很低落。”男士把快乐的钥匙塞在老板手里。

一位婆婆说：“我媳妇天天看我不顺眼，烦死了！”婆婆把快乐的钥匙放在儿媳妇手中。

一个年轻人从商店走出来说：“那个服务员态度太恶劣，把我的肺差点气炸了！”这个年轻人把快乐的钥匙放在服务员手中。

上面这些人都做了相同的决定，就是让别人来控制自己的心情，把快乐的钥匙放在了别人手里，所以才会心情不好，内心纠结，想不开、发牢骚、满腹怨气，其实他们是看到了生活中的“小黑点”，而忽视了整张“大白纸”。

“情绪短路”、“心理斜坡”都是人后天形成的一种消极心态。如果一个人在“情绪短路”、“心理斜坡”时发脾气，不妨想想生活给予了自己什么，是幸福多、快乐多，还是痛苦多、怨气多。

人总是希望“有所得”，以为拥有的东西越多，自己才会越快乐。可是有一天忽然发现：自己的一切不快乐，都和自己的执着追求有关。实际上，只要心无挂碍，把事情看开、“放下”，就会快乐。

豁达的人生像诗，幸福的生活像歌

人生就像一首诗，有甜美的浪漫，也有严酷的现实；生活就像一首歌，有高亢的欢愉，也有低旋的沉郁。

很多人都憧憬有名有权，因为那样会很风光；很多人都渴望事业有成，名扬四方。有憧憬、有渴望都是人正常的“追求”反映，但有名有权、事业有成都需要奋斗得来。大多数人都是在平淡中过着自己幸福的生活。

世界多姿多彩，每个人都有属于自己的位置，都有自己的生活方式，也都有自己的幸福及追求，所以不要去艳羡他人，更不要去嫉妒他人，安心享受自己的生活，享受自己的幸福，就是最好的生活态度。

古代贤士阮籍在《咏怀》中所说：“膏火自煎熬，多财为患害。布衣可终身，宠禄岂足赖。”意思是说荣辱毁誉都不过是过眼烟云，无可无不可，不值得夸耀，更不足以留恋。人生真正需要的其实就是自得其所、自得其乐的生活境界。

有这样一个故事：

一个脾气暴躁的人闯入了惠灵顿公爵（英国著名军事家、统帅、政治家）的书房。

刺客说："有人说你臭名昭著，十恶不赦，我一定要杀了你。"

公爵说："我？真奇怪。"公爵一直以为自己行事清廉，充满爱心，爱民如子，还没有人公开诋毁过他。

刺客把话重复了一遍："我是亚伯伦，我要杀了你。"

公爵问："一定要在今天吗？但是我必须先完成今天的任务。我很忙——有很多信要写。你下次再来吧，我等着你。"说完，他就继续写他的信。

公爵表现得从容、镇静，双眼炯炯有光，令刺客大为震惊，他走了，再也没有回来。

故事中的公爵不只是对荣辱毁誉不上心，甚至连面对生死他都能镇定自若，置之度外，其人格魅力真是让人叹为观止。一个人如果在危难时安然镇静，这种气度又何尝不是一种力量？

世界上最广阔的是海洋，比海洋更广阔的是天空，比天空更广阔的是人宽广的胸怀。

豁达的人能放下各种心理“包袱”，使真诚、善良、忍让、正义、坚定等品质成为自己立身处世的法宝，并以此赢得自己的荣誉和地位。

豁达相对于狭隘是何等的高尚！狭隘的人斤斤计较，容不得一丝一毫的吃亏。《太平御览》里有个“妒花女”，见花就踩，闻香说臭。因为花与容相连，花的美触痛了她的嫉妒心，于是她便干出如此蠢事，自寻烦恼，寻来气生，这样的人怎能快乐呢？

有一位禅师很喜欢养兰花。有一次他外出云游，就把兰花交给徒弟照料。徒弟知道这是师父的爱物，于是格外小心地照顾着，兰花一直生长得非常好。可是就在禅师回来的前一天，他不小心把兰花摔到地上，兰花摔坏了。徒弟非常担心，他自己受罚倒不要紧，他害怕师父会生气伤心。

如果你是禅师，你会怎么处理？

故事的结局是这样的：当禅师回来以后知道了这件事情，并没有生气，也没有惩罚小徒弟，反而告诉徒弟：“我当初种兰花，不是为了今天生气才种的。”

禅师的回答出乎意料吗？或许在生活中，我们会有和禅师类似的遭遇，这是生活的常态。很多人在遇到类似的事情时，要么气急败坏，要么惩罚他人，常出现生气、责骂、后悔、担心等负面情绪，这样不利于人们的合作、交流，甚至会影响身心健康。

唐代有个人叫娄师德，他胸襟宽广，气量过人。

一天，他走在街上，忽然听到有人指名道姓地骂他是畜生，他假装没有听见，直接走了过去。

他的随从忍不住，说："老爷，有人骂您，您没听见吗？"

娄师德说："他骂的是别人，你听错了。"

随从说："他明明叫着您的名字骂的，怎么会是骂别人呢？"

娄师德说："天下同名同姓的人多得很，他是在骂另一个娄师德。"

这时，那人骂得更凶了，随从实在忍无可忍，又说："老爷，他还在指名道姓骂您是畜生，甚至说您连禽兽都不如……"

娄师德打断随从的话说："如果他骂我，你又对我重复他的话，你不是也在骂我吗？不要多管闲事。"

娄师德这一句看似轻松的"不要多管闲事"很有意味：别人骂

人，那是他的事，与自己有何相关呢？这实在是还内心清净的绝妙法子。骂人的话本来就没有一点实质意义，而人倘若对这种毫无实际意义的东西过分关注，并让这种东西影响自己，左右自己，不是自找闲气生吗？聪明的人谁会浪费这样的心思呢？只要不去管它，也就风平浪静了。

古往今来，我国有不同版本的《不气歌》在民间广为流传，这些都是人生豁达智慧的高度凝练和历尽人生沧桑的深刻思索。在此，略作筛选，谨供大家品评。

不气歌（一）

人生要想少生气，几件事项须牢记：
小是小非莫计较，一眼睁来一眼闭。
尺有所短寸有长，不去事事都攀比。
人间美景未看全，哪有工夫生闲气？
生气百害无一利，气坏别人伤自己。
生气常常伤理智，办坏事情悔莫及。
大度能忍天下气，不怕吃亏是福气。
你尊我敬多谦虚，慈悲心肠生和气。

不气歌(二)

日出东海落西山，喜比忧来能养颜；
不攀不比不恼烦，身心舒坦体常健。
贫富相安心常宽，不气别人不恼烦；
房宽房窄遮风寒，不计宽窄也安眠。
胸怀大度天地宽，恩怨情仇多包涵；
遇事想开要乐观，少生口角享清闲。
不生气来少烦恼，与人相安心坦然；
心宽体健养千年，莫生气来胜神仙。

上面两首《不气歌》，涵盖了生活中的方方面面，或许你也能从中悟出属于自己的人生智慧，作出属于自己的《不气歌》吧。

所以，豁达的人生像诗，人要把自己的诗写好；幸福的生活像歌，人要把自己的歌唱好。

心大能容天下事，量大能把人聚来

俗话说："将军额上能跑马，宰相肚里可撑船。"这是在告诉人们为人处世要豁达大度，生活中、工作中要奉行宽以待人的原则。

现代社会中，许多事业有成的人士都将"容天下难容之事"奉为修身立世的真经。这不仅是修身养性的要务，也是安身立命的法宝，是人际和谐的源泉，是成就大业的利器。

"容天下难容之事"是古人总结出的人生智慧的最高法则，是人与人相处的一种高境界，也是建立良好的人际关系的基础。做到"容天下难容之事"，需要一种宽广博大的胸怀，需要一种包容一切的气度。古人常说："弓过盈则弯，刀过刚则断。"即说能容天下难容之事者追求的是共赢与和谐的境界。

18 世纪的法国科学家普鲁斯特和贝索勒是一对论敌。他们围绕定比定律争论了九年之久，他们都坚持自己的观点，互不相让。最后的结果是普鲁斯特获得了胜利，成了定比这一科学定律的发明者。

但是，普鲁斯特并未因此而得意忘形，忘乎所以。他真诚地对与他激烈争论了九年之久的对手贝索勒说：“要不是你一次次的责难，我是很难进一步将定律研究下去的。”

同时，普鲁斯特还特别向众人宣告，定比定律的发现有一半功劳是属于贝索勒的，是他们共同促使定律昭示天下的。在普鲁斯特看来，贝索勒的责难和激烈的批评，对他的研究是一种难得的激励，是贝索勒帮助自己完善了自己的学术成果，因此，他并不为贝索勒对自己的态度生气，反而一如既往地尊敬贝索勒。

普鲁斯特是宽容、博大而智慧的，他接受别人的反对意见，不计较他人对自己的不敬态度，充分看到他人的长处，善于从他人身上吸取营养，肯定和承认他人对自己的帮助。正是他善于包容的宽广胸怀，使他走向了成功，也让他不为气恼纠缠。

这种宽容大度实在令人感动。不仅对别人的非礼不记恨，反而以容人之雅量接纳并为之美言，这一点世间有多少人能做到？

著名的天文学家第谷和科普勒之间的友谊也是一曲优美的宽容之歌。

科普勒是16世纪德国的天文学家，在年轻尚未出名时，曾写过一本关于天体的小册子，深得当时著名的天文学家第谷的赏识。当时第谷正在布拉格进行天文学的研究，第谷诚挚地邀请素不相识的科普勒和他一起进行研究。

科普勒兴奋不已，连忙携妻带女赶往布拉格。不料在途中，贫寒的科普勒病倒了，第谷得知后赶忙寄钱救急，使得科普勒渡过了难关。后来科普勒和第谷一度产生了误会，科普勒写了一封信给第谷，谩骂第谷，然后不辞而别。

第谷其实也是个脾气极坏的人，但是受此侮辱后第谷却显得出奇的平静。他太喜欢这个年轻人了，认定他在天文学研究方面的发展将是前途无量的。他立即嘱咐秘书赶紧给科普勒消除误会，并且诚恳地邀请他再度回到布拉格。

科普勒被第谷的博大胸怀所感染，重新与第谷合作，他们俩合作后不久，第谷便重病不起。临终前，第谷将自己所有的资料和底稿都交给了科普勒。这种充分的信任使得科普勒备受感动。科普勒后来根据这些资料整理出著名的《路德福天文传》，以告慰第谷的在天之灵。

正是第谷容人之短的大度赢得了朋友的信任和真诚的友谊，也为自己的成功奠定了基础。

一个人如果能坦然冷静地面对人生中的磨难，面对他人的非礼，这种大度与宽容会感动他人，以及为难他的人，说不定还会扭转被动局面，达到化解危机的效果。

宋代丞相魏国公韩琦在定武统领军队时，一天晚上他要写信，叫一位士兵在旁边举着蜡烛。士兵由于困，于是迷糊起来，手一抖蜡烛烧着了韩琦的鬓发，韩琦立即用衣袖拂灭了它，然后继续专心写信。过了一会儿，回头一看，换了一位举蜡烛的士兵。韩琦担心主管会惩罚那位困了的士兵，连忙对主管说："不要换掉他，他已经懂得怎样持蜡烛了。"军队中官兵听后都很佩服韩琦的大度。

韩琦镇守大名府的时候，有人献上两只玉杯，说："此两杯里里外外都没有瑕疵，是绝世之宝。"韩琦用白金酬谢送杯的人，对此两只玉杯十分喜爱。每当设宴招待客人，都专门摆一张桌子，用绸锦覆盖，然后把玉杯放在上面。一天，韩琦接待管理水运的官员，准备用这两只玉杯装酒待客，谁知，被一位士兵不小心撞倒，两只玉杯都打碎了，客人们很吃惊，那位士兵也跪在地上等候惩罚。韩琦却神色不变，笑着对客人说："凡是东西坏与不坏，都有自己的运数。"过了一会儿他转过身对那士兵说："你是失误造成的，不是有意，哪有什么过错呢?"客人们都叹服韩琦宽大的气量。

社会本来就是人与人的集合体，唯有容人之量，有"容天下难容之事"之心，才能聚人气，取得事业上的共同进步。永远不要去试图报复自己的仇人，因为如果那样做的话，也会深深地伤害了自己。所以不要浪费时间去计较那些恩恩怨怨，更没有必要为互相仇视而生气，一个人如果有"大度能容天下难容之事"的胸怀，那么，他就会获得人生的升华，就会打开通往快乐的大门。

古人说："何以息谤？曰：无辩。"又说："是非以不辩为解脱。"

这种"闻谤不辩"的方法其实隐藏了人生的大智慧。当一个人因容不下一点委屈而仇恨别人时，他的内心被愤怒充溢着，这就等于给了对方制胜的力量，同时也会妨碍自己的工作、生活、健康和快乐，虽然心中的"恨意"完全不能伤害到别人，但却使自己的生活变得黯然无光。

反之，一个人如果能用宽容大度的心胸谅解别人，容天下难容之事，就可以赢得对方的尊重，使矛盾得到缓和；但如果双方心胸度量都不大，那么即使芝麻粒的小事，相互之间也会不依不饶，争吵不休，结果不仅会伤害彼此感情，影响友谊，甚至会反目成仇。

人生下来都有一张纯净的笑脸，但在渐渐长大的过程中，笑容却逐步被忧愁、烦恼及其他负面情绪浸染，双眉紧锁成了人习惯性的表情。人们的情绪不能自控，是人们的心越来越小了，还是这个世界越来越小了？

一个人的心如果渐渐地开始萎缩，就会容不下很多事：比如自己脸上又多了几颗青春痘；比如上班的时候跟同事发生了一些不愉快的事情；比如自己不小心踩到了一滩脏水，自己的鞋子弄脏了……

把这些曾经影响你心情的事情都一一列举出来，你会发现，其实每天烦扰我们心灵的事大多是一些微不足道的小事，而我们总是在这些芝麻绿豆的小事上纠缠不休，不知不觉中，情绪得不到控制，心情得不到纾解。

英国的一位作曲家迪斯雷利曾说：“为小事和人生气的人的生命是短促的。”人生活在这个世界上只有短短几十个年头，如果为纠缠无聊琐事白白地浪费许多宝贵的时光，实在不值得。生命是如此的短暂，生活中有许多值得人们去欣赏和感受的美好所在，何必要让自己为那些昨天、今天、明天的事情烦恼，容不得丁点过失呢？让自己的心胸变得更宽广吧，因为宽广的心胸能包容一切，聚拢更多的人，也能化解烦恼仇恨，让自己拥有更加幸福精彩的人生。

第二章

平常心对己，宽容心待人

暴躁是人一种非常极端化的情绪。它有多种形式，比如，当人遇到不顺心的事，开始只是发急，慢慢脾气暴躁；有的人一遇事就情绪激动，暴跳如雷，让自己陷入不良情绪的困境中，从而导致情势对自己更加不利。

动物学家发现，在非洲大草原上有一种靠吸食别的动物的血生活的吸血蝙蝠，他们常常叮在野马腿上吸血，而野马不管怎样暴躁地狂奔，就是拿这个可怕的小家伙没有办法。蝙蝠们吸足了血才离开，而不少野马在狂奔中反而消耗了更多的体力，甚至被吸血蝙蝠折磨而死。

后来，动物学家研究出吸血蝙蝠所吸野马的血其实量很少，并不足以使野马死去，而野马死去的真正原因是它们的暴躁和没命的狂奔。这就是“野马效应”的由来。

“野马效应”在人们的生活中时常有所体现：有的人因芝麻粒大的一点小事而大动肝火；有的人会因别人的过失、别人伤害自己而愤愤不平，大动干戈；有的人因为和人话不投机，于是大打出手，这都是由暴躁情绪引起的。

脾气暴躁的人不能够控制自己的情绪，妥善解决问题，化解矛盾，反而会激化矛盾，使矛盾升级。所以控制情绪尤其是制怒非常重要。

要想制怒首先要做个有修养的人，因为有修养的人能够有效地控制自己的情绪，不会使自己的心情总处于紧张焦躁之中。

那么，如何做到不急躁、不焦躁、不暴躁呢？

首先要避免冲动。从生理上说，人的冲动会对情绪有极大的影响，像“水满则溢，月满则缺”一样，人如果不控制自己的冲动行为，就会血往上涌，失去理智，脾气就上来了；反之，如果能控制冲动行为，就不会出现心悸气短等现象，就不会产生抱怨等消极情绪，不会感到有压力存在。

那么，人应该怎么控制冲动呢？

首先要调整心情，让自己平静。心为五脏之首，人们在养生时首先就要安心神，只要把这个“君王”稳住了，其他五脏就好管理了，情绪就能够平和，心气就能够顺畅。

有一个脾气极差的妇人，常常控制不住自己的情绪而乱发脾气，于是她决定去寻找智者请求指点迷津。妇人找到了智者，向他诉说了自己的心事，言语态度十分恳切，渴望从智者那里得到启示。

智者一言不发地听她讲述完，就把她领到一个房间中，然后锁上房门，无声而去。

妇人本想从智者那里听到一些开导的话，没想到智者一句话也没有说，只是把她关在一个又黑又冷的屋子里。她气得顿足大骂，但是无论她怎么骂，智者就是不理会她。妇人实在忍受不了，便开始哀求，但智者仍然无动于衷，任由她在那里说个不停。

过了很久，房间里终于没有了声音，智者在门外问："不生气了吗?"妇人说："我只生自己的气。我怎么会到你这里来!"智者听完，说："你连自己都不肯原谅，怎么会原谅别人呢?"于是转身离去。

过了一会儿，智者又来问："还生气吗?"

妇人说："不生气了。"

"为什么不生气了呢?"

"生气有什么用呢？只能被你关在这个又黑又冷的屋子里。"

智者说："你这样的想法其实更可怕，因为你把你的气都压在了心里，一旦爆发会比以前更加强烈。"说完又转身离去了。

等到智者第三次来问她的时候，妇人说："我不生气了，因为你不值得我生气。"

"看来你生气的气根还在，你还没有从气的旋涡中摆脱出来！"智者说道。

又过了很长时间，智者开门，妇人主动问道："你能告诉我气是什么吗？"

这回，智者并不说话，只是看似无意地将手中拿的一杯茶水倒在地上。

妇人终于顿悟：原来，自己不气，哪里来的气？心透明，何气之有？

气由心生。人千万不可为了一些不顺心的事轻易发怒，甚至怒不可遏。人要能控制住自己的怒火，多一点儿包容，少一些计较。

其次，人要有效地控制自己的思维，掌控好自己的情绪，以一颗平常心对待自己，以宽容心对待他人，时时反省自己的所作所为。

有些人有这样的经验：有时候处理一件复杂的事情，简直百思不得其解，但有时会忽然间恍然大悟。这就是静心的作用。如果一个人能排除世事纷扰，不急不气，静心的力量对解决问题的益处是巨大的。

所以要想修炼好自己控制情绪的能力，一定要能有效地控制自己的思维。心理压力大，火气就会盛。

此外，“动态静心”是一种有效地控制自己思维的方式，只不过和我们平常所说的静心不同的是，动态静心是让人在活动之中，摆脱纷繁念头的困扰，修复内心不平稳的情绪，让自己全身心静下来。比如，抽时间散散步，读读书，听听音乐，喝喝茶，参加一项自己喜欢的活动，多与朋友、家人说说话，这些都是不错的“动态静心”方式。

暴躁情绪要不得，既害人又害己，所以，如果你有暴躁的脾气，要想办法改正。

远离忌妒，增强自信

说起忌妒这个话题，许多人会想起《三国演义》里的周瑜，周瑜因为忌妒别人才华超过自己，进而被他人气死。

忌妒像一个恶魔，把周瑜这个大英雄给打败了。所以，人要远离忌妒，因为忌妒心一旦爆发，情绪难以控制，会使人做出许多过激的事情，以致造成对人对己都不好的后果。

生活中类似周瑜这样的人不少。

有一个女孩气性很大，常因为忌妒，与人闹得不可开交，过后还一直沉浸在气愤中难以自拔，为此她吃了很多的苦头，但她还是在执拗的忌妒心中与别人势不两立地“斗争”着。

她的父母不厌其烦地把如何做人、如何处世的道理讲给她听，她也明白这种“排山倒海式”的忌妒带给自己的将是无边无尽的“苦海”，但她就是摆脱不了忌妒心的纠缠。直到她工作丢了，没有朋友，她才意识到嫉妒的危害性。从此，她慢慢克服自己的嫉妒心理，回归到正常人的队伍中。

英国科学家培根指出：“在人类的情欲中，忌妒之情恐怕是最顽强、最持久、最能让人生气的原因了。”

一般而言，忌妒心理较多地产生于年龄相仿、生活背景大致相同的人群中。因此，只有采取正确的比较方法，多看到自己的优点和长处，不要钻“他为什么比我强”的牛角尖，而要相信有朝一日我一定会用自己的努力用实践证明我会比他强，用积极乐观的情绪驱散心中的忌妒阴霾，才能免受嫉妒之害。

据研究，忌妒心往往是由于不能正视自己所引起的。忌妒心强的人看到他人取得了成就，便误以为是对自己的否定，不去想如何努力赶超他人，反而怪他人忌妒他人。其实，一个人的成功不仅要靠自己的努力，更要靠他人的帮助。

忌妒心不会增加人的价值，却影响到人的心情和声誉，最终不但苦了自己，还会殃及无辜。人有什么样的价值，别人自有评判。忌妒不能给人的价值锦上添花，反而会对人产生极大的危害。

经过心理学家的反复观察研究证明，忌妒心强烈的人，其情绪会时常波动，产生冲动、暴怒、爱激动等现象，会让人易患心脏病、头痛、胃痛、高血压等，而且死亡率也高。对于有忌妒心的人，药物的治疗效果并不显著，因为“心病需还心药治”，“妒忌病”要从心理上根除。

忌妒心是一种想突出自我的虚荣表现，比如，不少人住楼讲究宽大，买车讲究豪华，穿衣讲究名牌，喝酒讲究名贵。如果发现他人哪点比自己强，他们也会产生怨恨或者想刻意报复的念头，甚至会在背地里去做损人利己的事。

具体来说，忌妒心是对才能、名誉、地位或境遇等比自己好的人心怀怨恨，是对别人的成就感到不快的一种心理感受。忌妒心是一种不健康的性格缺陷与心理障碍，是一种消极的情感表现，通常的表现就是生“强于自己的人”的气。当今社会充满竞争，个体之间的差异在交往中日益突出，人的忌妒心理表现的范围也越来越广泛。

《科学蒙难集》一书中记载有这样一件事。

举世闻名的大化学家戴维发现了法拉第的才能，于是将这位铁匠之子、小书店的装订工人招到皇家学院做他的助手。法拉第进入皇家学院之后进步很快，接连搞出多项重要发明，就连戴维失败的领域他也取得了成功。

然而，当法拉第的成绩超过戴维之后，戴维心中不可遏制地燃起了忌妒之火。他不仅一直不改变法拉第实验助手的地位，而且还诬陷他剽窃别人的研究成果，极力阻拦他进入皇家学会。这大大影响了法拉第的创造，直到戴维去世，法拉第才开始其真正伟大的创造发明。

戴维本应享受伯乐的美誉，却因忌妒心理阻碍了法拉第的迅速成长，不仅自己时常生气，也使自己背上了阻碍科学发展、使科学蒙难的“恶名”，留下了令人遗憾的人生败笔。

现今，有些人有不同程度的忌妒心，但有些人在产生忌妒时能够理智地做出正确的判断，从而控制自己的忌妒欲；也有些人由于忌妒失控，采取各种极端的行为才能寻求自己的心理平衡，于是做了许多损人不利己的事情。

人的忌妒心太强，会导致人不良的心态，比如生气与怨恨；忌妒心过盛，会导致对别人忌恨仇视，诋毁中伤，做出害人害己的事情。

人有轻微的忌妒心是有益的，它能成为人奋发向上的动力，但忌妒要有度，以免其作祟而让自己情绪激动，引发阴暗的报复心理，成为可怕的“炸药包”。

人要想保持平和不忌妒的心态，就要努力提高以下几方面的修养：

一、培养自信心。自信心是决定人是否有勇气去面对别人比自己强的基础，人要想方设法提高自己的能力，争取达到梦寐以求的目标。要能欣赏自己，欣赏他人，不对他人产生嫉妒心理。

二、培养承受能力。人人都想过幸福富裕的生活，但美好的生活要靠自己的双手创造，看见别人过得比自己好，这眼红忌妒，这是人的劣根性在作怪。所以，人一定要增强自己的心理承受能力，对别人的荣华富贵不羡慕、不忌妒，而且要将忌妒的消极心理转变为自己积极奋发的动力。

三、用乐观心态对待人生。人的一生十有八九不如意，如果自己暂时没有别人过得好，也不要怨天尤人，忌妒别人的幸福，甚至希望别人也遭到不幸，要用乐观的心态去面对自己人生的厄运，不抱怨世事不公，更不要跟别人赌气，找到自己努力的方向，把自己的生活过好。

四、要有平常心。用一颗平常的心去对待自己和身边的每一个人，无论面对的是达官显贵，还是位高权重者，要不卑不亢，尊敬但不卑躬。对比自己不好的人，也不要歧视、冷对，能帮人要帮人，不能帮时不看笑话。

命运对每个人而言都是公平的，所以不要去抱怨别人过得比自己好，生活给予每个人的幸福其实都不少，只是比例不同、时间不一样。人不要被眼前的浮华而迷惑，忌妒心主要是由于自己的欲望太强、爱慕虚荣引起的，所以，拥有宽广的心胸和高尚的修养，忌妒的魔鬼就不能把害人害己的“炸药包”送给你。

去除“心理牢笼”，生命不设限

人生一世谁不想成功，但为什么有的人能成功，有的人却不成功？即使是一些原本很有潜质的人终生也未能成功，这主要是因为他们不了解自己的优势，常常过高或过低地估计自己，于是不能正确评价自己。有这样一个寓言故事：

一天，动物们联欢，猴子为大伙儿跳舞助兴，动物们对它的舞姿赞不绝口。

旁边的骆驼好生羡慕，有些按捺不住了，心想：“我也想个办法，让大家夸我一番。”

骆驼走上台，大声说：“各位，请安静，我给大家跳一曲骆驼舞，怎么样？”动物们听了，都很兴奋。

骆驼向大伙鞠了鞠躬，然后摇摆起笨重的身体跳起来，由于它身体笨重，它的舞姿也笨重而滑稽。结果，它不仅没有赢得赞誉，反而让大家嘲弄不已……

本杰明·富兰克林说：“不会运用自己的优势，就是浪费自己的资源。”

是的，每个人都有自己的优势，不用去模仿别人。找到自己的闪光点，扬长避短，你也可以找到成功的路。比如，你天生好奇，这是一种优势；比如，如果你争强好胜，这是一种优势；比如，你责任心强，这也是一种优势；优势就是能产生效益，而成功之道，就在于发现优势、发掘优势、利用优势。

有些人认识不到自己的优势在哪，这是因为他们被“心理牢笼”所束缚。“心理牢笼”是指一个人由于自己的自我设限而导致的自卑或者自我放弃，以至于不能利用自己的优势，因此很难攻破困难的心理学现象。

“心理牢笼”不是外界环境造就的，它是人自己营造出来的。“心理牢笼”效应是一种消极的自我评价或自我意识，即个体认为自己在某些方面不如他人而产生的消极情绪，这种自我设限是把自己的能力、品质评价降低的一种消极的自我意识。自我设限的人总认为自己事事不如他人，面对他人自惭形秽，丧失信心，进而悲观失望，不思进取。

一个人若被“心理牢笼”所控制，就会心理设限，其潜力将会受到严重的束缚，聪明才智和创造力也会因此受到影响而无法正常发挥作用。人的“心理牢笼”若不去除，会对一个人的成长和发展产生致命的伤害。因此，如果你发现了自己因为自卑或者有其他消极情绪而产生了“心理牢笼”，就要用理性的态度把它铲除。否则，你的事业和生活都会受到影响。

虽然“心理牢笼”很可怕，但人有突破“心理牢笼”的本能，这种本能就是精神意志的力量，人有了这种力量，什么样的“心理牢笼”都可以被摧毁。事实上，人如果没有自我突破的意识，长期被“心理牢笼”限制，就会跟在别人后面亦步亦趋，不仅自信心降低，情绪也是负面的。

有这样一个故事：

> 一位美丽的长发公主因听信巫婆的话，认为自己丑陋无比，于是将自己囚禁在高塔里不肯出来。有一天，一位英俊的王子从塔下经过时发现了她，将她救了出来，公主这时才看清自己的美丽，同时也获得了自由与解脱。

这是一个童话故事，却蕴含着打破“心理牢笼”的哲理。人不要完全相信你听到的一切，也不要因为他人的议论而鄙视自己，否则就会陷入自卑的“心理牢笼”。美丽公主把巫婆的话信以为真，于是自己陷入了自卑的“心理牢笼”之中。

人的“心理牢笼”有多种多样，但有一点是共通的，那就是所有的“心理牢笼”都是人们自己给自己营造的。就拿自寻烦恼来说吧，有人老是责备自己的过失；有人老是对那些不如意的事情怨天尤人；有人老是唠叨自己受到的不公平待遇；有人老是念念不忘生活和疾病带来的苦恼……这些人都深陷于自己营造的“心理牢笼”之中，时间一长，就不知不觉地真把自己囚禁在“心的监狱”里了。

患有“心理牢笼”疾病的人喜欢把一些不相干的事与自己联系在一起；还有些人，盲目地相信某些毫无根据的事。所以，人要正确认识自己，相信自己，树立自信，让心充满阳光，破除自身的“心理牢笼”。

其实，人的一生会遇到许多坎坷，人也常常会产生迷惘、无奈的心理，稍不留神，就会自己给自己营造“心狱”。

郎费罗说过：“不要以感伤的眼光去看过去，因为过去再也不会回来了；不要以焦虑的心情想未来，因为未来还没到。人最聪明的办法，就是好好珍惜你的现在，因为，现在正握在你的手里，你要以堂堂正正的大丈夫气概去迎接现在的到来。”

某一天，一位高傲的武士去拜访当地最有名的禅宗大师。他本是一个出色且颇具威名的武士，但当他看到禅宗大师举止儒雅并且外形俊朗时，突然自卑起来。

他对大师说道：“为什么我会感到自卑？仅仅在一分钟前，我还是好好的。但我刚跨进你的院子时，就突然自卑起来。以前，我从没有过这种感觉。我曾经无数次面对死亡，但从没有感到恐惧，为什么现在面对你却会感到有些惊恐呢？”

大师对他说道：“你耐心地等一下，等这里所有的人都离开后，我自会告诉你答案。”

一整天，前来拜访大师的人络绎不绝，武士等得心急火燎。直到晚上，房间里才空寂起来。武士急切地说道：“现在，您可以回答我了吧？”

大师说：“到外面来吧！”

夜晚，满月高挂，刚刚冲出地平线的月亮发出皎洁的光辉，分外美丽。大师对武士说道：“你看看这些树，这些树高入云端，而它旁边的这棵，还不及它的一半高，它们在我的窗户外面已经存在好多年了，从没有发生过什么问题。这棵小树也从没有对大树说：‘为什么在你面前我总感到自卑？你这么高，我这么矮。'你说说为什么我从未听到这样的抱怨呢？"

武士说："因为它们不会比较。"大师说："那么，你就不需要问我了。你已经知道答案了。"

自我设限的人总是习惯于拿自己的短处和别人的长处比，结果越比越觉得自己不如别人，因而形成了自卑心理。所以，人不要去拿自己的缺点跟别人的优点相比较，也不要无故地怀疑或贬低自己，人要向前看，往好的方面想，积极地行动，使自己从恐慌、自卑的桎梏中走出来，打破"心理牢笼"的束缚。

自我设限还往往伴随着怠惰情绪。现代社会竞争激烈，强中自有强中手，人若怠惰，情绪就会消极，人就会产生自卑感。而自信者不怕竞争，敢于面对挑战，所以，被"心理牢笼"限制的人，只能遗憾地把自己放在"观众"席上，不敢参与挑战，自然也无缘于成功。

有个故事说，当我们的生命中只剩下了一个柠檬，有"心理牢笼"的人会说："哎，怎么只剩一个柠檬。"然后，他会抱怨、伤心，让自己生活在自怜自艾之中。而有自信的人却会说："我至少还有一个柠檬，我能否把这个柠檬做成柠檬水呢？"

这个故事告诉我们人要突破“心理牢笼”才会成功，不自我设限，就能拒绝自卑，拒绝怠惰。“心理牢笼”会把人拖垮，而打破它，敞开心扉，就不会“画地为牢”。

情绪焦虑，催生怒气

一般情况下，情绪焦虑也会催生人的怒气，焦虑是指人的情绪受到环境以及一些偶然因素的影响，出现与现实情境不符的过分担心、紧张害怕等现象，有慢性焦虑和急性焦虑两种形式。

情绪焦虑有什么不好呢？心理学上有一个有趣的“踢猫效应”能够说明这一点。

一家人中男主人情绪不好，于是和夫人拌嘴，出门时，看到自家猫，莫名其妙地对猫踢了一脚。上班后，看到同事依然心情不好，对要做的工作没有激情，于是做起工作无精打采，连连出错。“踢猫效应”是一种因为一个人的情绪焦虑而催生一系列消极的连锁反应，对自己和别人的心理健康都是十分不利的。

在现实生活中我们发现，许多人在受到不公正的待遇后如果心情不好，不是冷静下来寻找恰当的方法舒缓情绪，而是心存不甘，忿忿不平，寻找“出气筒”，不管别人的感受而无缘无故地发泄一通怒气。他们的怒火往往会把自己和亲近的人“烧”得遍体鳞伤，这就是所谓的“踢猫效应”。

当一个人的情绪“变坏”时，潜意识会驱使他“选择”比自己弱小的人发泄，即所谓的“猫”；受到强者情绪攻击的人又会接着寻找更加弱小的弱者当“出气筒”，这样就会形成一个愤怒传递链条，最终的承受者是最弱小的群体，也是受气最多的群体。要避免“踢猫效应”，即人要学会控制自己的焦虑情绪，不让恶劣情绪危及无辜者。

“踢猫效应”是一种浮躁的表现，是一种不健康的心态。持有这种心态的人，往往无法冷静地认清事实，在遭受失败以后又会陷入深深的痛苦之中。因此，为避免“踢猫效应”，要及时采取一些合理的措施化解情绪上的焦虑，转移坏情绪的焦点，让思想放松。人的情绪有时犹如跌宕起伏的海洋，心情就像在海洋中航行的船，而沉稳和耐心就是那船上的帆。人只有适时地调整帆的方向，也就是学会控制自己，才能避免船毁人亡的悲剧。

有一位年轻的画家，在他刚出道时，3 年没有卖出去一幅画，这让他很苦恼，也很焦虑。于是，他去请教一位世界闻名的老画家，他想知道为什么自己整整 3 年居然连一幅画都卖不出去。

那位老画家微微一笑，问他每画一幅画大概用多长时间。他说一般是一两天吧，最多不过三天。那老画家对他说："年轻人，那你换种方式试试吧，你用三年的时间静心去画一幅画，我保证你的画一两天就可以卖出去，最多不会超过三天。"

这个故事告诉我们一个深刻而耐人寻味的道理：成功绝不是一蹴而就的，人只有静下心来日积月累地积蓄力量，才能够"绳锯木断，水滴石穿"，取得最后的成功。

正所谓"十年磨一剑"。成功者必须要具备坚持不懈的良好心态。焦虑、焦躁等情绪上的变化要及时调整。不做急功近利，幻想着不劳而获或者少劳多获的事。人如果情绪焦虑，就会着急、忧愁、恐慌、不安、烦躁等。

一位农夫在地里种下两粒种子，很快它们就长成了同样大小的树苗。第一棵树决心长成一棵参天大树，所以它拼命地从地下吸收养料，储备起来，滋润每一根树枝，让自己不断壮大。由于这个原因，在最初几年里，它并没有结出果实，农夫对它有些失望。相反，另一棵树也一样拼命地从地下吸取养料，但它只顾早点开花结果，而且它做到了这一点。这使农夫很欣赏它，经常浇灌它。

但是随着时光的飞转，几年后那棵久不开花的大树由于身强体壮，养分充足，终于结出了又大又实的果实。而那棵过早开花结果的树，却由于还未成熟时便承担起了开花结果的重任，所以结出的果实苦涩幼小，树干累弯了腰，渐渐地枯萎了。农夫只好用斧头将它砍倒，当柴烧了。

每个人都在追求着自己的理想，在追求自己的理想时会遇到各种问题，会产生各种焦虑情绪，倘能很快地克服这种情绪引发的不良影响，恢复正常状态，就会轻装前进；有智慧的人都会理智地避免各种焦虑的困扰，无论是面对难关还是失败，都能调整情绪，避免焦虑对自己的影响。

明代思想家陆珩说：“一个人活在世界上要敢于放开眼，而不向人皱紧眉。”“放开眼”和“皱紧眉”的人是以两种态度面对人生，也是以两种情绪面对世界。人如果选择了“放开眼”，即使在情绪焦虑时也能坦然一笑；如果选择了“皱紧眉”，就只能是郁郁寡欢受焦虑的影响了。

情绪焦虑，会催生怒气，所以，人要克制情绪上的焦虑，这个过程是痛苦的，但只要找对方法，就可治愈“焦虑症”。

请看下面一个故事。

经过几年的奋斗，张先生成功地创办了自己的公司，由于市场切入点较好，时机把握到位，张先生将公司经营得有声有色，蒸蒸日上。

在同龄人眼中，张先生的生活简直可以用“如意”来形容，事业有成，公司运营顺利。然而，现在的公司却让他压力越来越大。

张先生开始夜不能寐，头发大把地掉，他甚至对从事了多年的行业突然失去了兴趣，总是觉得其发展空间越来越小，提升的可能性也不大，他虽然努力寻找突破瓶颈的途径，但四处碰壁。他越发焦虑，不但自己每天加班加点，还要求员工也和他一起加班，大家成了不知疲倦的时钟。

张先生回到家也感到不舒服，于是和家人发脾气，弄得妻子、孩子也不高兴。在公司，员工稍有一点失误他就大发雷霆。公司上下怨声载道，敢怒而不敢言的情绪充斥在每一个员工的心中。虽然有时平静下来，张先生也会觉得不应该随便向别人发脾气，但下一次他还是控制不了自己。

张先生试过用各种方式摆脱焦虑的情绪：剧烈运动，休闲聊天，甚至跑到海边大喊，然而，这些最多只能使他得到短暂的平静。回到现实中，工作仍然令他焦虑，他的心情仍然非常糟糕，公司里他和员工、家里和妻儿各种摩擦仍在继续发生。

久而久之，很多员工对他的做法开始有怨言了，有几名骨干忍受不了他的“高压统治”选择辞职跳槽。张先生越发焦虑，屡战屡败的他几乎要崩溃了！

张先生的这种焦虑症具有一定的代表性，在现实生活中，许多人都经历过类似的焦虑困惑，那就是压力导致焦虑。那么，怎样才能改变这种被焦虑的阴云笼罩着的情绪呢?

答案是自控。许多的焦虑从表面上看似乎有千头万绪，但仔细分析后不难找出根源所在。比如张先生的焦虑源于公司目前的发展瓶颈，因为不知道公司的发展方向，因此心情在茫然与彷徨中变得越来越糟，情绪也就越来越焦虑，以至于影响了正常的工作和生活。而正常的工作和生活受到影响之后，其心情也会因此而变得更糟，情绪变得更恶劣。如此，张先生陷入了一个恶性循环的怪圈，难以自拔。

要想克服焦虑，摆脱易怒的心态，当事人能做的主要是以下三件事：一是冷静下来，积极地思考，努力去改变能改变的；二是平静地面对，积极适应不能改变的，摆正心态，接受现实；三是自控情绪，让心情放松，让焦虑逐渐褪去。

一个人长时间焦虑是要付出巨大代价的，因为精神上持续的压力和紧张，会影响整个人的思维、心智、健康。因此，克服焦虑和易怒的心理是非常重要的。

拒绝生气，修心养性

“生气”在字典中有两种解释，一是指活力，生命力，生机；二是指发怒，因不合心意而不愉快。我们当然希望人有活力，生机勃勃，而不希望人因不合己意常常生气。

有一个病恹恹的年轻人整天愁眉苦脸的，以为自己病得很重，性格也变得不好起来，整天生闷气，好像别人都对不起他。有一天他老师来看他，问他：“这么大好的时光，多去外面运动运动，你就会好起来的。”年轻人说：“我身体孱弱，病得很厉害。运动也没有用。”老师说：“那就出去交交朋友？”年轻人说：“别提了，没有人愿意和我在一起，大家总是嘲笑我，和他们交往简直是在自己找气生。我真的觉得生活没有意义，活着就是痛苦。”

老师递给年轻人一根绳子说：“那你上吊吧，反正早晚也得死，还不如现在死了算了。”年轻人说：“我不想死。”老师说：“不想死就要积极起来，好好活着。如果天天生闷气，不如现在死了算了。你这么年轻，生命力很强，有病治病，同时适当运动，因为要想有健康的身体首先要有阳光的心态、热诚的朋友和积极的事业。”年轻人后来听从了老师的建议，走出家门，去医院看病，配合着运动，同时慢慢有了朋友，自己的事业也走上了正轨。

中医说：生气伤肝。生气最伤害的是自己。如果生气，先要找出原因，然后分析，并尝试一些解决方法，如环境转换法，不要面对让自己生气的人或者事件，达到缓和愤怒的目的。

古人把怒说成“生气”，为什么怒叫“生气”呢？人的怒气并不单指发出来的脾气，闷在心里的怒火对人体造成的伤害更大。怒气会使得气在胸腹腔中积聚，形成中医所谓“横逆”的气滞，造成肠或胃的疾病，严重的会造成出血。医学证明，许多难治的病有可能都是生闷气的结果。

人体本是一个气血平衡的有机体，人发怒的时候，人体内会产生一股气，凭空生出来的这些“气”会打破人体内原有的平衡，自然对身体有百害而无一益。

西哲说，生气就是在用别人的过错惩罚自己。生气有时像战争一样，会大量消耗人自身的资源，浪费身体中的血气和能量。爱生气的人不管是心理素质，还是身体状况，一定是不健康的。生活中因为爱生气而把自己“折腾”的一身是病，甚至短命的人不在少数。

“气大伤身”，这是句千古不变的真理。《黄帝内经·灵枢篇》中对疾病的原因有一段说明：“夫百病之所始生者，必起于燥湿寒暑风雨，阴阳喜怒，饮食起居。”人的好多病是嗔怒积郁造成的，医学研究成果显示，脾气暴怒的人不仅容易发生中风，也容易发生猝死。很多人常常在暴怒之后郁郁寡欢，长时间不能摆脱生气的阴影。所以气性太大，可能会毁掉自己的人生；生气过盛，可能会断送自己的前程。

下面粗略说一下爱生气对人身体方面的危害，或许能够使你警醒。

一是伤脑。气愤之极，可使大脑思维突破常规活动，往往做出鲁莽或过激举动，反常行为又形成对大脑中枢的恶劣刺激，气血上冲，还会导致脑出血等严重后果。

二是伤神。生气时由于心情不能平静，难以入睡，致使神志恍惚，无精打采。

三是伤肤。经常生闷气会让人面色憔悴，毫无光彩，皱纹多生，容易苍老。

四是内分泌失调。生闷气可致长斑、长痘以及甲状腺功能亢进，整个人体内分泌紊乱。

五是伤心。气愤时心跳加快，出现心慌、胸闷的异常表现，甚至诱发心绞痛或心肌梗死。

六是伤肺。生气时的人呼吸急促，可致气逆、肺胀、气喘咳嗽，危害肺的健康。

七是伤肝。人处于气愤愁闷状态时，会使肝气不畅、肝胆不和、肝部疼痛，许多爱生气的人会早衰老。

八是伤肾。经常生气的人，可使肾气不畅，在极度大悲大怒的情绪中导致闭尿或尿失禁。

九是伤胃。气懑之时，不思饮食，久之必致胃肠消化功能紊乱。

十是伤肝。肝在人体中的地位太重要了。肝在心肾之间，沟通心肾，肝属木，水生木，木生火，水和火分别是肾和心，在水火之间，调剂阴阳。

每个人对生气都有一个承受限度，当这个承受限度被打破之后，人自然就会产生惊惧、紧张、焦虑等情绪，就像有人看见血会晕、会呕吐一样，其实都是紧张、惊惧、焦虑等情绪引起的肌肉收缩和肠胃问题。每个人都会有愤怒的时候，但若长期处在愤怒情绪中就会非常痛苦，时间久了还会引发各种疾病。人在愤怒的时候心跳会明显加快，而且这种情况会一直持续到愤怒情绪消散之后；愤怒还会使人的血压明显升高，会带来可怕的后果，比如大脑血管破裂或导致心脏病发作。

有个人被紧急送到了医院，他看上去很虚弱，几乎没办法走路，并且还不停地喊心口疼。医生问他情况的时候，他说头晕、没力气、心口疼。医生给他做了全面检查，结果发现他的心跳得非常快，远远超出了正常心跳频率。后来在住院期间，有好几次他甚至都命悬一线。

医生问过他亲友他以前的情况，亲友们都说他从前很健壮，不过，自从看了一部凶杀电影后他就像变了一个人似的，精神恍惚、骨瘦如柴，像是得了极重的病。

后经过医生诊治，他得的是严重的忧郁症。

看了上边的故事，你还会认为身体上的疾患，只是由外界因素引起的吗？其实人的心理状态也会影响人的身体健康，尤其是当情绪不稳定时，也能让人伤身。

当情绪不好时，人要分散自己的注意力，使不好的心情有所缓解；或者把自己不开心的事告诉朋友、亲人，或者痛痛快快大哭一场；还可以去空旷之处高喊几声，或者到体育场畅快淋漓地进行体育运动，这都是扫除心中坏情绪的方法。

当然，仰望蓝天白云，在轻松愉快的遐想中神游物外，或者默默地与自己的心灵轻声细语地交流，感悟静谧的宁静，体悟生命的真谛；用心去倾听音乐，让自己沉浸在愉快的旋律之中而忘记烦恼，重新激发对生命和生活的热情与热爱，这也是给情绪“排毒”的良药。

约翰·亨特是英国最著名的生理学家之一，他也是一个爱生气的人，有时一点小事都可能引发他的雷霆之怒。不幸的是，他还患有严重的心脏病。约翰经常去跟朋友喝茶，每次他会说：“谁要是想杀我，只要激怒我就行了。”

有趣的是约翰还娶了一位爱较真的太太，她常跟约翰争吵，有好几次都差点把他送到上帝那儿去。当然，她并不是故意这样的，因为她肯定没有想过要谋害自己的丈夫。约翰最终是在一次学术会议上因为和人无意的争吵而断送了自己的性命。

看看，仅仅是愤怒就让一个学术界的佼佼者命丧黄泉，可见愤怒情绪是多么危险。

气由心生，生气不是别人带给你的伤害，而是你不能控制自己的情绪造成的。再好的医生也无法防止病人生气，人要想不生气，就要时时注意心性的修炼，事事加强自我修养，只有提高自我修养才是延年益寿的良方。因此，理性的思考，平和的心态，积极的自励，处世的淡然，都是平息怒火、变生气为长志气的法宝，拥有了这些，就有了不会轻易生气的“良方”。

驾驭情绪，笑对生活

人的各种情绪是在内心变化及外界环境的“刺激”下产生的，每一种情绪都有不同的等级，还有与之对应或对立的感情状态，像爱与恨、欢乐和痛苦等。

心理学家认为人会因为意外的惊喜而很兴奋，也会因为突然的外界环境的变故(人或事的影响)或者突如其来的刺激而陷入困境，感到无比沮丧甚至愤怒。由于人的情绪喜悦时如沐春风，伤心时如愁肠寸断，生气时如急火攻心，抑郁时如黯然神伤，像钟摆一样不停摆动，心理学家将情绪的变化定义为“心理钟摆效应”。

有这样一则故事。

有个人每天都在固定的报摊买一份报纸，尽管这个摊贩的脸色一向都很难看，但他还是每次都对小贩客气地说声谢谢。有一次与他同行的朋友看到这种情形，便问他：“他每天卖东西都是这种态度吗？”“是的。”“那你为什么还对他如此客气?”那人回答:“我为什么要让他决定我的行为呢?”

是呀!我们为什么要让别人的行为、言语来决定我们的情绪呢?别人用什么样的态度对待我们,我们无法决定,但是我们可以管理好自己的情绪不被他人所左右。当然,这得经过一番心性的锤炼才能达到,但不是不可能,所以,只要能管理好自己变化的情绪,“心理钟摆效应”就能避免。

喜怒哀乐乃人之常情,无可厚非,但如果不能很好地加以控制,听之任之,则会成为阻碍人生发展的一大障碍。比如喜乐不加以控制,有可能会生悲;而盛怒之下更容易做出不该做的事、不能做的事,事后再找后悔药为时已晚。

生活之中,人们感受周围的事物,形成自己的观念,做出自己的判断,这些行为无一不是由自己的心灵来进行。然而,“心理钟摆效应”常常干扰人的心灵,使人思考做事出现种种偏差。

《三国演义》中的诸葛亮是一位既能制己之怒,又能激人之怒的高情商之人。在魏主曹睿封 76 岁的王朗为军师来战蜀兵的一段情节中,王朗本想“只用一席话,管教诸葛亮拱手而降,蜀兵不战而退”,结果却被诸葛亮轻摇三寸之舌,给活活气死了。

诸葛亮三气周瑜的故事也是人人皆知。周瑜在恼恨暴怒之下疾呼“既生瑜，何生亮”，最后口吐鲜血而亡。

王朗和周瑜的才学并不比诸葛亮差，但他们的“情商”管理极差，即他们失败在对怒气的控制上了。

笑是人心情愉悦的表现，给他人一个微笑，他人也会回报我们一个微笑。笑并非只为了社交需要，笑还可以改变自己的心情。心情好了，就会觉得晴天也好雨天也好，凡事都可以让自己快乐。所以，常带笑容在脸上，自己开心，也可以给别人带来好心情，让周围充满阳光！

要做到常带笑容于脸上，首先心理要强大，要有自信。一个人若真想做到自信的笑容在脸上，心要平静，要会调节情绪，保持不生气状态，做个仁厚大度的人，这样于人于己才会是快乐的。

有一位朋友，每次与不同的人见面时都会心情愉快，眉开眼笑。大家打趣说：“那是因为他家庭事业双丰收，所以才春风得意。”

他却笑着说：“不，我不是因为顺心如意才快乐，而是因为我一直很快乐，所以做什么事都顺心如意。”

这位朋友说得对，不是顺心如意让人欢喜，而是心生欢喜才让人顺心如意。生病的人说，病好了才能够快乐；做生意的人说，生意兴隆才会幸福；感情不和的人说，感情好起来才能高兴。这都是人们给自己不快乐找的借口，难道不是吗？

生活压力会让人心情低落，情绪紧绷会让人满腹怨气，不过，如果你此时试一试面带笑容，也许你就会积极起来，你就会努力起来，你就能控制住自己的情绪，展露笑容越早压力越小！

笑容是无声的问候，能够播下友谊的良种；笑容是无形的雨丝，能够滋润他人的心灵。

笑对生活是一种态度，跟贫富、地位、处境没有必然的联系。一个富翁可能忧心忡忡，而一个穷人可能心情舒畅；一位残疾人可能坦然乐观，一位处境看似顺利的人可能会愤愤难平……

当年，有人到处宣传爱因斯坦的理论错了，并且说有一百位科学家可以联合作证。爱因斯坦听后，只是淡淡地笑了笑说："一百位？还需要这么多人？只要有一个人证明我真的错了就行了。"

看，爱因斯坦用微笑化解了人们对他的怀疑，他也以平和的心态让他的理论经受住了时间的考验。

人如果能培植起驾驭情绪、笑对生活的心态，自己的心胸就会彻底打开，不仅能完全接纳自己，同时也不会因计较得失而生气。

生活是面镜子，你笑它也笑，你哭它也哭，所以，要克服“心理钟摆效应”，让心静静地驻于心房。

生活不易，每个人对待生活都会有自己的方式方法，但是，要做“乐天派”，不做“小心眼”的人。“乐天派”善于淡化烦恼痛苦，所以活得轻松，活得潇洒；而“小心眼”的人不会处理烦恼痛苦，深陷泥潭之中，活得紧张，活得憋屈。“乐天”是最容易驱散负面情绪的方法。

“乐天”的人微笑常带，以微笑为语言，一个自然流露出来的微笑，胜过千言万语，能化干戈为玉帛，化冷言冷语为暖言。

“乐天”的人散发出的是亲切、是鼓励、是温馨。真正“乐天”的人，总是容易获得比别人更多的机会，因为他们能驾驭自己的情绪，笑对生活。

第三章

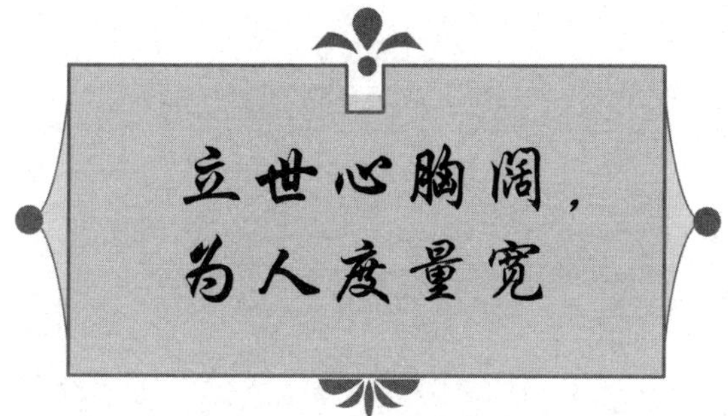

放下恩怨，放下仇恨

生活中，很多人因为一点小事就生气；还有些人，动不动就指责他人的不是。一个有仇必报的人会多一个对手，而一个以德报怨的人却可能多一个朋友；一个有仇必报的人最多在打击对手时的那一刹那会有快意，而一个以德报怨的人却可以享受不被仇恨所驾驭的内心祥和。

古人说：矛盾情仇处处有，恩怨是非时时在。那么，如何解决这些事呢？《菜根谭》有这么一段话："邀千百人之欢，不如释一人之怨；希千百事之荣，不如免一事之丑。"大意是：与其求得许多人的喜欢，不如消除一个人的怨恨；与其希望许多事情都办得漂亮，不如免除一件事的过错。即使有了千百人的赞叹、欢喜，也不如平息一个人的怨尤，使人欢喜。一时之气可造无边罪过，所以说平怨消气是解决矛盾问题的方法。

原谅是一种美德，宽容是一种气度，以德报怨是显示了人高度涵养的、超越个人之间恩恩怨怨的、协调和处理好人际关系的最佳方式之一。以德报怨之人，不仅不会让自己生气，而且还能消愁去怨。因为心平气和，宽容大度，所以处处有朋友，快乐常相伴。

不要计较别人曾经伤害自己有多重，过去的就过去了。抱怨，仇恨，苦的是自己，伤的也是自己。如果非要去报什么仇，那伤害的不只是别人，还有自己。生活中有些人认为如果不计得失，不算恩怨，不针尖对麦芒，不以眼还眼、以牙还牙，不以怨报怨，自己就吃亏了。实际上，不放下就会导致矛盾激化、关系紧张，双方都被捆绑在无休止的争斗中，最终结果是两败俱伤。

一个农民的庄稼被邻人的牛踩坏了。这位农民没有大惊小怪、连声叫喊，而是捉到牛后把它牵到荫凉处喂以水草，并在牛卧倒休息时为它驱赶蚊蝇。邻人见后惭愧不已，一再道歉、致谢，并主动赔偿损失。

试想，要是这位农民为出一时之气而把牛痛打一顿，结果将会如何呢？很可能惹出新的纠纷，甚至因此结下了仇怨。可见，以德报怨，怨恨自消；以怨报怨，积怨益深。

人想要修炼到放下恩怨、放下仇恨，并非易事，心胸和度量的培养也不只体现在大是大非上，还体现在日常小事上。人为什么会被怒气牵着走呢？是因为心中的计较太多，比如计较得失，计较别人的轻慢等，如此恩怨才会纠缠自己。人的心理承受能力是有限度的，面临的恩怨是非冲突事件过多时，就会烦躁、焦虑和紧张。如果人终日生活在是非恩怨中，反复受到烦躁、焦虑和紧张等情绪的折磨，心中委屈，怒火难平，心情就会越发忧郁、生气，对现实就会越发不满而愤怒，心理就会更加不平衡，犹如火上浇油，怒气会越来越盛。

摆脱恩怨是非、不生闲气的一大法宝就是“遗忘”，一个人的情绪受环境的影响，是很正常的，但如果不赶快摆脱，就会对生活造成影响。相反，如果能忘却那些恩怨是非的琐碎之事，就能使自己的身心获得自由，不让情绪控制自己，不受负面情绪的左右。

请看一个让人心灵震撼的故事。

第二次世界大战期间，一支部队在森林中与敌军相遇，经过一场激战，有两名来自同一个小镇的战士与部队失去了联系。他们俩相互鼓励，相互宽慰，在森林里艰难跋涉。十多天过去了，他们仍然没有与部队联系上。他们靠身上仅有的一点鹿肉维持着生存。路途中，他们又经历了一场激战，但他们巧妙地避开了敌人。然而刚刚脱险，走在后面的战士竟然向走在前面的战士安德森开了枪。

子弹打在安德森的肩膀上。开枪的战士害怕得语无伦次，他抱着安德森泪流满面，嘴里一直念叨着自己母亲的名字。安德森碰到开枪的战士发热的枪管，怎么也不明白自己的战友为什么会向自己开枪。但当天晚上，安德森就宽容了他的战友。

后来他们都被部队救了出来。此后30年，安德森假装不知道此事，也从不提及。安德森后来在回忆起这件事时说：“战争太残酷了，我知道向我开枪的就是我的战友，知道他是想独吞我身上的鹿肉，知道他想为了他的母亲而活下来。直到我陪他去祭奠他母亲的那天，他跪下来求我原谅，我没有让他说下去，因为我早已从心里真正宽容了他，此后，我们又做了几十年的好朋友。”

安德森在得知自己的战友对自己开了黑枪之后，完全可以义愤填膺地将他置于死地。但安德森竟然从战争对人性的扭曲、人求生存求团圆的天性上原谅了对他开枪的战友，依然与曾经想杀害自己的人做了一生一世的朋友。

如果安德森在气急败坏中选择了报复，杀害了战友，那他日后的生活会快乐吗？心灵会平静吗？也许，他一生都纠结着这事，一生都在怨恨中度过。

“风物常宜放眼量”，人与人之间免不了有这样那样的矛盾，朋友之间也难免有一些是非恩怨纠葛。如果能摆脱掉，不计前嫌微笑着面对，宽以待人，就能握手言欢。倘若有理不让人，无理争三分，为一些鸡毛蒜皮的小事争得脸红脖子粗，双方伤了和气，不但自己深陷争斗中，对方也会和你纠缠不止，最终两败俱伤。人要有那种“何事纷争一角墙，让他几尺也无妨，长城万里今犹在，不见当年秦始皇”的宽大为怀的高风亮节，这样才能快乐、幸福。

扔掉情绪“包袱”，及时转向

法国心理学家法伯曾做过这样一个著名的实验，被称为“毛毛虫实验”。他把许多毛毛虫放在一个花盆的边缘上，使之首尾相连，形成一个圆圈，在花盆周围不远的地方撒了一些毛毛虫最爱吃的松叶，然后开始观察毛毛虫的反应。

毛毛虫开始一个跟着一个绕着花盆一圈圈地爬，一个小时过去了，一天过去了，又一天过去了，这些毛毛虫在夜以继日地绕着花盆一圈圈地爬，这样一连七天七夜，它们终于因为饥肠辘辘和精疲力竭衰弱而死。

法伯曾这样设想：毛毛虫会很快厌倦这种毫无意义的绕圈子行为，它们会因为爱吃的食物的诱惑而转移方向，但遗憾的是它们并没有这样做。它们完全可以自己避免饿死的悲剧，可它们摆脱不了原来的思维方式和习惯，钻进了牛角尖而无法自拔。

后来人们就把这种只会循着一个固定方式，沿着以往的习惯或者思路不会转弯，从而导致自己深受其害的现象称为“毛毛虫效应”。

毛毛虫这种毫无意义的重复绕圈子而不知道转向的悲剧还说明：人们不能只关注自己脚下的路，还要抬头看看自己的方向是不是正确，因为如果选择了一个错误的方向，再大的努力也是白费。

一位女子报名参加一次电影女主角的海选，导演挑来挑去，最后只剩下她和另一位候选人，这时她因为一点小小的失误造成了导演的犹豫，但导演本心还是偏向于她的，因为论外形和气质，女主角非她莫属。不巧这时外界又传出了有关她的流言，导演正准备调查此事，这名女子却难平一时怒气，干脆赌气退出了竞争。

显然，这位女子的心理被搅乱了，她放弃了大好的机会，这就是不会让情绪及时转向的后果。其实她若想一下就会明白，只要自己站得直、行得正，外来的评价和流言蜚语又怎能影响到自己呢？

“身正不怕影子歪”。人只要能平心静气地保持着平和的情绪，就能保持自己的本色，做出正确的选择。生活中总有人为了赌一时之气，偏离了自己真正的轨道，这是对自己的不负责，并不会对别人有任何影响。

有不少人在工作、生活、爱情、婚姻中，因为不能让情绪及时转向，留下了很多人生的遗憾。

三国时期，诸葛亮率领蜀国大军北伐曹魏。魏国大将军司马懿采取以逸待劳的拖延策略，不与蜀军正面交战，采用消耗对方实力的做法。这一招着实厉害，诸葛亮的军队远道而来，后勤补给困难，如果不速战速决，势必难以取胜。

为了让司马懿出兵，诸葛亮派人给他送去一件女人的衣裳，并且下了一封战书："不敢出兵，这跟妇人没有什么两样。你如果是一个真正的男儿，就出来两军交战；否则，就穿上这件女人的衣服吧！"

"士可杀不可辱"，这些挑衅性的言辞激怒了司马懿，但是他转念一想，诸葛亮是在故意让自己意气用事、仓促出兵。于是，司马懿强压着怒火，下令全军坚守不出，等待作战时机。

几个月后诸葛亮病逝，蜀军悄悄退兵，司马懿不战而胜。作为三军统帅，司马懿能够在紧要关头让不正常的情绪及时地转向，控制住自己的愤怒情绪，不感情用事，做出了正确的战略决策，这是他最后能够成功的根本原因。

做自己的最高统治者，要能让自己从气愤中及时转个弯，痛快地扔掉自己的“情绪包袱”，为自己选择无害的发泄方式，学会控制自己的坏脾气，坚持心理上积极的自我暗示，这对改变不良情绪是很有帮助的。

生活中，常常听到一些人发出这样的叹息：“假如我当初能够冷静点儿，头脑没那么发热，做决定时不那么意气用事，不在沮丧时选择放弃，恐怕我现在也已经很有成就了。我的生活也要比现在幸福得多吧！”

许多人之所以“壮志未酬”，过着“悔恨悲愁”的生活，就因为他们在关键时刻让头脑发热，不能冷静地思考形势。冷静明智的人则不同，不管他们前途怎样黑暗，“心头”怎样沉重，他们都会尽快驱散忧郁、沮丧的阴雾，让头脑冷静下来，决定下一步的行动方案。

如果人动辄生气，不懂得控制情绪，那么，这个人的生活就不会快乐，发展也会受阻。人要学会把心上的“担子”放下来，让自己从不良的情绪中尽快转向，从容应对各种不快之事，能够淡定面对各种坎坷世态及冷暖人情。

世界对人是公平的，如果你认为不公平，那是因为你不会管理自己的情绪，不会让情绪及时转向，所以，遇事“掉个头”“转个弯”，也许就会发现新机会，处理事情会轻松很多。

人一旦生气，就会产生怨恨、愤怒和仇视心理，心就会浮躁而无法安定。人的心一浮躁，浑身的血液就会跟着紧张起来而发热，身体就像火在燃烧一样，满腔的怒火自然要迅速喷薄而出。因此，当怒火中烧之时，先让心平静下来，人只有静下心来，才能不被不良情绪所左右。

有一句话说得极妙：“一件事，想通了就是天堂，想不通就是地狱。”既然活着，就要活好，而好好控制自己的情绪，是活好的首要之举。

人生的漫漫长途上，几乎没有人永远与鲜花和微笑相伴，总会有些不快来打扰，烦事、乱事总会在一些不经意的瞬间，触动人敏感的神经，在人心灵的土壤里潜滋暗长。此时，你应该赶紧斩断这些不快的情绪，像倒掉垃圾一样将它们清除干净，强迫自己不要去想，不要去在意，这样才能步履轻松地继续前行。

有句诗这样写道：“闲看庭前花开花落，笑望远山云卷云舒。”这是何等的气度。的确，大自然的花一直在开，关键在于人们有没有欣赏它缓缓绽放的闲情逸致；云一直在动，关键在于人们有没有随它自由舒展的美好心情。保持一颗平和的心，人就能到达逍遥自在的境界。

人有定力，不战而胜

如果有人问：什么样的人才是最优雅、最有内涵的人？正确的答案应该是有“自制力”的人。所谓自制力，是指人能够控制自己的情绪，有定力，不被情绪轻易左右。真正有自制力的人，他们谦逊知礼，不会轻易动怒，更不会主动向别人挑衅。

有人曾对身处监狱的成年犯人作过一项调查，调查结果显示：那些犯罪的人之所以沦落到监狱中，90%是因为缺乏必要的自制力而引发了恶性结果。他们因为缺少自制力，害了别人，也害了自己。

所以，一个人如果缺乏自制力，就可能对自己的生活、工作造成极为可怕的破坏。相反，一个人如果拥有自制力，他不会轻易被情绪左右，在工作中、生活中可以获得意想不到的收获。然而，一般人听到“不顺耳”的话或受到“非难”时，是很难有超强的自制力能控制住自己的情绪的。

一个人，不管家庭出身如何高贵，长得多么漂亮，受过多高的教育，一旦表现得暴戾、残忍、尖刻和任性，就会被打上粗俗的烙印，还有一些人妄图用华丽的衣着和精致的饰品来“包装”自己，然而他们往往忽视自身的“自制力”作用，于是欲盖弥彰，掩不住“包装”下的那些粗俗行为和语言。

一次，英国政治家斯蒂芬·道格拉斯在参议院开会时，一个政敌对他出言不逊，用非常恶毒的话侮辱他。他站起身来，平静地说道：“这不是一个绅士口中说出的话，你不要指望绅士会做出回答。”然后摘下帽子，向他的政敌深深鞠了一躬，脸上仍然洋溢着快乐的笑容。

无独有偶。

在伦敦，一个青年妇女疾步穿过街道拐角，不小心和一个人撞上了。那是一个要饭的小孩，衣衫褴褛，几乎被撞倒。女士赶紧刹住脚步，转过身子，声音非常柔和地说：“请原谅，孩子，撞到你了，真对不起。”小孩睁大了眼睛看了那个女士一会儿，然后摘下帽子，向她深深鞠了一躬，脸上洋溢着快乐的笑容。

英国政治家柴斯特菲尔德说："一个人只要自身有自制力，不管别人举止怎么不当，都不能伤他一根毫毛。因为他本身给人一种凛然不可侵犯的威严感，会受到所有人的尊重。而没有自制力的人，容易让人生出侮慢的心理。"

一个有自制力的人，可能会失去物质财富，但不会失掉他的勇气、乐观、希望、德行和自尊。这样，即使他没有什么物质财富，他仍然是个很富有的人。

自制力是一种财富，而且它所产生的力量是金钱财富所不能企及的。有自制力的人是有内涵的人，往往可以无往而不胜，他们用自身的人格魅力感染着他人，并且能够让他人感到心情愉悦，让他人认为你是个可靠的人、优雅的人、值得交往的人。

在一家百货公司受理顾客投诉的柜台前，许多人争着向柜台后的那位年轻女孩诉说他们所遭遇的问题，以及这家公司不对的地方。

那位年轻女孩脸上挂着亲切的微笑，对这些愤怒的顾客产生了良好的安抚作用。投诉的顾客来到她面前时原本个个咆哮怒吼，但当他们离开时个个温顺柔和，他们之中的某些人甚至在离开时脸上还露出惭愧的神情，因为这位年轻女孩的“自制力”使他们对自己的言行感到些许愧疚。

在这些投诉的顾客中，有的人十分愤怒且蛮不讲理，有的人甚至讲出很难听的话。然而柜台后的这位年轻女孩笑容满面，不发一言一一接待了这些愤怒而不满的顾客，她态度和蔼，丝毫未表现出任何愤怒。

年轻女孩脸上带着微笑，从身后拿出一张张纸条引导他们前往相应的部门去解决，她的镇静，反映出了她高度的自制能力。原来，这位聆听顾客抱怨的年轻女孩是个耳聋的人。她身后还有另一位年轻女孩，她在纸条上写下一些字，然后把纸条交给站在前面的这位年轻女孩。这些纸条很简要地记下顾客抱怨的内容，告诉顾客上哪些部门解决问题，但省略了投诉顾客原有的尖酸而愤怒的语气。

这家百货公司的经理说，他之所以挑选一名耳聋的人担任公司中最艰难而又最重要的接待工作，主要是因为他一直找不到其他具有足够自制力的人来担任这项工作。

古今中外成大器者无不具有很强的自制力，他们能耐住寂寞，正视压力。古语云“天将降大任于斯人也，必先苦其心智，劳其筋骨”，在苦心智、劳筋骨阶段，人更需要自制力。因为如果没有坚强的自制力，就会导致情绪波动，失败的结局就不可避免。请看下面的故事。

世界台球冠军争夺赛在纽约举行。路易斯·福克斯的得分一路遥遥领先，只要再得几分便可稳拿冠军了。就在这个时候，他发现一只苍蝇落在主球上了，他挥手将苍蝇赶走了。

可是，当他俯身击球的时候，那只苍蝇又飞回到主球上，他在观众的笑声中再一次起身驱赶苍蝇。这只讨厌的苍蝇破坏了他的情绪。更为糟糕的是，苍蝇好像是有意跟他作对，他一回到球台，它就又飞回到主球上来，引得周围的观众哈哈大笑。

路易斯·福克斯的情绪恶劣到了极点，他终于失去了理智，愤怒地用球杆去击打苍蝇，球杆碰到了主球，裁判判他击球，他因此失去了一轮发球的机会。

路易斯·福克斯方寸大乱，连连失利，而他的对手约翰·迪瑞则越战越勇，终于赶上并超过了他，最后摘走了桂冠。

这就是所谓的“约翰逊效应”。“约翰逊效应”得名于一个叫作约翰逊的运动员，约翰逊平时训练有素，实力雄厚，但在真正的体育大赛上却时常失利。因此，人们把那种平时表现良好但缺乏应有的心理承受能力和心理素质而导致竞技场上失败的现象称为“约翰逊效应”。

一般而言，人的情绪会受到外界环境的刺激以及一些偶然因素的影响，要走出“约翰逊效应”的怪圈，必须训练自己的自制力，主动克服心理的不良因素，比如患得患失、愤怒、恐惧、悲观等。而自制力训练最根本的一条就是保持一颗平静的心。当然，这不是一个很容易的过程，需要一次次的心态磨砺，才能实现从量到质的转变，提高对外界压力的适应能力。

一个人若缺乏自制力，心灵的天平会失去平衡而导致情绪失控，这样的例子在比赛中不胜枚举。比赛争的是输赢，比的是实力，较量的是心态。所以，人只有用自制力制怒，才能让自己心无杂念，才能激发出自己最大的潜能。所以，人们常说“有自制力的人是有大智慧的人”。

那么，如何学会自制，并提高自己的自制能力呢?

一是要明辨是非，知道什么是对的，什么是错的，进而控制自己不好的想法和欲望，这样才能控制自己不做错事。

二是要培养自己顽强的意志力，意志力的培养需要艰苦的磨砺，没有捷径可循。顽强的意志力可助人勇于挑战自我，控制愤怒，做事有持续性、坚韧性。

三是要从小事做起，注意从细节上加强自律。自古以来，律己的人都是注重小节的，如果对小过失不注意，任其发展，不加以控制，那么，小过失就会像滚雪球一样越滚越大，最终造成大的失误。

克服患得患失心理，不做自暴自弃之人

美国有一个非常著名的钢索表演艺术家叫瓦伦达，他技艺高超，从来没有失误过。一次，主办方需要为一个重要的客人表演，为保证演出万无一失，主办方选择了瓦伦达。

瓦伦达很清楚这一次演出的重要性：全场观众都是美国知名人物，如果自己在这一次表演中取得成功，不仅可以奠定自己在业界的地位，而且还会给自己带来极好的口碑和巨大的经济效益。

为了保证自己的良好状态，瓦伦达一直在仔细琢磨自己的表演，每一个动作、每一个细节都想了无数次，可以说，对于这次演出，瓦伦达感觉胸有成竹了。

终于到了演出的日子。站在舞台上，瓦伦达很自信，这一次他甚至没有用保险绳。因为许多年以来他都没有出现过失误，他有100%的把握不会出意外。

但是，意外总是以人们无法想象的方式发生：当他刚刚走到钢索中间，仅仅做了两个难度并不大的动作之后，就从10米高的空中摔了下来，虽然经过现场紧张的抢救，但他还是没有醒过来。

为什么瓦伦达会发生这样的意外？后来，他的妻子揭开了谜底："越是担心的事越是真实地发生了。这次他在出场前就不断地说，'这次演出太重要了，绝不能失败'。以前他每次表演，只是想着走好钢丝这件事，而不去管这件事可能带来的一切。这一次，瓦伦达太想成功了，太专注于事情结果了，太患得患失了，于是他的技能和经验不能真实发挥出来，导致他出事了。"

是的，当一个运动员比赛前一再告诉自己"千万不要失误"时，他患得患失的情绪会影响他的比赛心理，所以，紧张会让人失误，会让人失败。

有些人常常把失败的原因归咎于别人或客观事物，他们认为，成功的人都是一帆风顺，而自己失败全是因为命运不济。所以，既然幸运女神不肯眷顾自己，自己除了怨天尤人外，什么也做不了。还有些人在行动即将成功时患得患失，最终与机会失之交臂。这些人年复一年地按照患得患失的生活模式过着日子，却不知道自己的遭遇恰恰是自己的心态造成的。他们太想成功，太想赢得财富，一旦得不到，便责怪别人，责怪自己运气不好，责怪社会……由此，产生许多莫名其妙的负面情绪，诸如患得患失、紧张、自暴自弃……

其实这些人的问题都是出在了自己身上，是由于自己患得患失、自暴自弃，导致最终一事无成。

一个人两手各拿一个花瓶，嘴里念着求佛保佑，前来礼佛。

父亲对他说："放下！"

那个人放下了左手拿的花瓶。

父亲又说："放下！"

那个人又放下了右手拿的花瓶。

可父亲还是对他说："放下！"

那个人说："我已经放下所有能放下的东西，现在两手空空，没有什么能再放下了！"

父亲说："我让你放下的，你一样都没有放下；我没有让你放下的，你倒全都放下了。是否放下花瓶并不重要，重要的是要放下你浮躁的心。你的心完全被某些急功近利的东西占据了，只有放下这些，你才能从生活的桎梏中解脱出来，才能懂得什么是真正的生活。”

世界五光十色，吸引人眼球的东西实在是太多太多，很多人总是看见什么就喜欢上什么、看见什么就渴望拥有什么，忘了静下心来，问一问自己究竟需要什么，长此以往，就会不由自主地患得患失，遇到困难更是六神无主。这种六神无主、患得患失的感觉，实际上是一种自己给自己设置的障碍。

有句话说：“如果你想品尝我的茶，请你先倒空你的杯。”一个人如果心里装了太多的东西，想得到太多，渴望得到太多，就无法去享受努力的过程和品尝努力得来的愉悦。就像喝杯茶，如果心不在茶上面，怎能细细品味出它的滋味？人要想成功，就应该先抖掉外界浸驻在自己内心的不切实际的渴求，清空自己内心“垃圾”，叩问自己的心灵，想清楚自己想做什么、想得到什么、想拥有什么，然后再踏步迈向前方，走好自己的道路。

学生问老师：“人们都怕寒冬酷暑，请问如何才能避免寒暑的到来？”

老师说：“很简单，到没有寒暑的地方去。”

学生急忙问："哪里才是没有寒暑的地方呢?"

老师平静地答道："灭却心头火自凉。"

寒暑是人自身对外界的反应，全世界找不到一个完全没有寒暑之别的地方，但人只要内心平和，即使处于酷暑之中也会觉得凉风习习，即使处于寒冬也觉得温暖如春。

上面这则故事表面上说的"心静自然凉"的道理，进一步延伸说明，人若心里静，就不会产生患得患失的紧张情绪，自然看一切就看得顺眼了。人的心态决定一切，只要有一份恬静的心情，一份乐观的态度，一份豁达的情怀，再大的压力对你来说都是助推力，你眼中的世界就不全是负面的而大多数都是正面的，你也就不会再那么患得患失了。

时下，有人被名缰利锁缠身；有人成天陷入你争我夺的境地；有人日日心事重重，阴霾不开；有人小肚鸡肠，心胸如豆，这些人快乐从何处去寻?

所以，不要患得患失，只要心无挂碍，什么都看得开、放得下，不去计较，何愁没有快乐的春莺在啼鸣，何愁没有快乐的泉溪在歌唱，何愁没有快乐的鲜花在绽放!

每个人对人、对物、对世界都有自己的看法，善美还是恶丑，快乐还是痛苦，完全取决于一个人的心境。不去在乎一些人、不去纠结一些事，就不会患得患失，就不会痛苦、烦恼。事实上，如果你不在意，谁能惹你生气？如果你不给自己添烦恼，别人永远不可能使你陷入纠结、患得患失之中。

所以，无论多么险恶的环境，无论多么艰难的选择，只要内心足够强大，就不会患得患失，也不会在消极情绪中耗费自己的生命。

坦然面对，接纳自己

有个中年女士，丈夫对她体贴入微，孩子听话，家里吃喝不愁。这样的生活看起来很让人羡慕，可她总觉别人大富大贵、事业有成，她不觉得自己幸福，天天指责丈夫，和孩子生气，整天烦恼不断。

丈夫希望她快乐，建议她找一找有兴趣的事去做，但是这位女士似乎对什么都没有兴趣，她感觉不到什么事能使自己高兴，天天无精打采提不起情绪，没有朝气和活力，远不如同龄人看起来有激情，除了发脾气就是自己生闷气。

这不是自己跟自己过不去吗？不是自己给自己背上沉重的包袱吗？

心理学上把自己为难自己的情绪作为一种负面心理倾向，是说人很容易受到外界信息的暗示，从而出现自我感觉的偏差，忽视自己的幸福。

女孩儿都希望自己有倾城的美貌，因此，对于自己容貌上的缺陷总是想方设法地遮掩，而无法坦然地接纳真实的自己。

有这样一个女孩，她的嘴太大，牙齿暴露在外，但是她很喜欢唱歌，歌也唱得不错。这个女孩从小就梦想自己将来能成为一位歌唱家，所以，她每天都找地方唱歌、练歌。

后来，女孩到新泽西州的一家夜总会里表演，每一次公开演唱的时候，她都想把上嘴唇拉下来盖住她的牙齿。她想表演得“美一些”，可是她这样唱歌时的怪模样却让她大出洋相，观众们常常哈哈大笑。女孩很难过，觉得自己的梦想是无法实现了。

一天，在夜总会听歌的人中，有一个人觉得她唱歌有天分，便找到她，对她说：“我一直在看你的表演，我知道你想掩藏的是什么，你觉得你的牙长得很难看，嘴太大。”这个人坦率的话让女孩觉得很难为情，不过那个人又继续说道：“可我认为长了龅牙没什么大不了的，你不用去遮掩，应该张开你的嘴，自然地唱，观众欣赏的是你的歌声。没准，那些你想遮起来的牙齿，还会带给你好运呢。”

女孩听了觉得有道理，她接受了男人的忠告。从那以后，她只想着怎样把歌唱得更好，不再去注意自己暴露的牙齿，她张大了嘴巴，自然、热情而高兴地唱着，后来，她成为电影界和广播界的一流红星。她的名字叫凯丝·达莉。

这个世界上不是所有的东西都让人满意，但有时缺憾也是一种美，就如同那断臂的维纳斯。只要你把“缺陷、不足”这块堵在心头上的石头放下来，不要过分地去关注它，它也就不会成为你的障碍了。

人在各个年龄阶段，对人生与社会的看法都会有差异。随着岁月积累，会有新的感悟与心得，而不去苛求的人生才是潇洒的人生。古人说：“三十而立，四十不惑，五十知天命，六十耳顺。”人生过得很快，爱自己吧，不要太苛求自己，更不要自寻烦恼，多给自己一份宽容，就会有更多的快乐和更大的幸福空间。

有一个人年过不惑，此前他经受了太多的磨难，无一官半职，但他却对自己的一切十分满意。一次与友人闲聊，他说：“人生只有短短几十年，何必太计较得失进退？一切看开些，少些欲望，也就少些失望，多些满足。你看我虽然地位低微，不也活得很好？心态好身体好，何乐而不为呢！”

相信这个人并不是因为无奈而故作轻松，他一直工作兢兢业业，待人热情大方，他说自己是经过了太多磨难的历练，才进入心态如此练达的境界。

人生在世，坦然接受自己是最重要的！“不要苛求自己”说起来轻松，实行起来却不容易，因为不公平是存在的，不公平的事落到谁头上，谁都会心理不平衡。

“春有百花秋有月，夏有凉风冬有雪，若无闲事挂心头，便是人生好时节。”所谓“无闲事”，就是指人不要生气，因为生气除了让自己受伤害，没有任何作用。因此，丢掉“闲事”会让人生更洒脱一些。

有位女士是个非常忙碌的成功商人，她常常忙得忘了自己是谁，直到一次偶然的聚会，才彻底改变了她像车轮一样的生活。

一次出差她结识了一位女士。那位比她大好几岁的女士皮肤光亮，一头秀发清新可人，看起来反而比她还年轻。对比之下，这位女士心里有一种说不出来的酸楚。两人聊天中，那位女士说自己追求“慢生活、慢工作”，因为活好自己最重要。这个女士听后深受教育，回想自从她走上经商之路，在商海里几经挣扎，经常是忙到一天都没时间吃好一顿饭，有时为了赶时间，只用清水抹一把脸，忙忙碌碌的连镜子都顾不上照一照，常常是累了一天回来就上床睡了，熬夜更是家常便饭，久而久之，随着岁月流逝，昔日的楚楚俏妇变成了半老徐娘。

这位女士说：我总在为家事，为生意事，为生活，甚至为别人操劳费心、生气纠结……细细想想，我现在在别人眼里已经有点像唠唠叨叨、凡事较真、动辄生气的老太太。我这不是自己跟自己过不去吗？

人可以适当地追求名利，但不应该为不值得的事情过度操心、伤身和劳神，因为这都是自己跟自己过不去的表现，为了挣钱，为了博取地位，让自己劳心劳神，实在没有必要。

心理学家说：为什么小孩子总是快乐的？是因为他们思想单纯，生活简单。对于一个喜欢冰淇淋的孩子来说，一座金山不如一个冰淇淋能给他快乐；对于一个喜欢在外玩耍的孩子来说，外面的自由自在胜过在父母让他上各种班。所以孩子很容易快乐。而人在成年后，背负的东西太多：名誉、家庭、金钱、友谊、爱情、事业、责任……因为背负沉重，于是产生了压力，快乐也就随之渐渐消失。所以，人一定要时时清空自己的包袱，轻装前行。

当然，人若要长久快乐，有千千万万个寻找快乐的理由；人若要烦恼不断，同样也有千千万万个烦恼不断的理由。有些人一辈子觉得钱不够用，于是让自己奔波在挣钱的路上；有些人觉得有些钱就够用了，于是给自己安排了轻松快乐的生活。人对物质的追求本来就没有一个具体的衡量标准，所以，寻找轻松快乐生活是最重要的。物质上的追求永远都是没有止境的，人要想活得快乐，必须心存满足感，不与自己为难。

求全责备，活得太累

柠檬是酸的，葡萄是甜的。如果放着较多柠檬和少量葡萄让人选择，得不到葡萄的人，会认为得到的柠檬比葡萄甜，这就是“甜柠檬心理”，即补偿心理。补偿心理是指当人得不到自己心仪的东西但得到其他东西时，一样能减少内心的失望和痛苦。“甜柠檬心理”，是一种健康的补偿心理，每个人都有自己的“柠檬”标准，到底是酸的还是甜的，取决于自己的心理感受。

人人都有自己的优点，所以不要总是苛求自己，羡慕别人，人要善于发现自己的闪光点并加以利用，这样才能不会一味地对自己求全责备。

世上本不存在完美之事和完美之人，完美是相对的，过于追求完美的人，是因为对自己要求过高，对事要求过高，希望一切都能超出别人的想象，如果没能达到自己预定的目标，便把问题归咎于自己或他人，这无形中便成了自己的负担——过于在意别人的看法和自己曾经犯过的错误，久而久之，心胸越来越狭窄，爱苛责自己和别人，也越来越爱生气，从而经常和自己或他人“过不去”。人适当的自责是有责任感的表现，但过度自责将会给自己制造极大的心理压力。

白璧亦有瑕，珍珠瑕不掩瑜，人本来就是活生生、有血有肉、有个性棱角的个体，会有缺点，会有自己与众不同的个性，只要符合社会道德规范、于情于理不太出格，就可以按自己的生活方式去做而不必刻意迎合他人。

一个人与求全责备的人交往时，会因为对方的过于苛刻而感受到压力甚至内心受到压抑。但一个人如果与性情温和的人交往时，虽然那人也可能与自己一样有缺点，但彼此却会相处得比较融洽，感觉那才是一个活生生的人。“好脾气”是人与他人相处交往的一大法宝，这样的人容易让人觉得好亲近、好交往。

人生旅途中会有荆棘丛生，磕磕碰碰、跌跌撞撞是在所难免的。如果遇上这样的情况，没有必要自怨自弃，痛苦不堪，因为战胜困难的关键就在于坚定信念，欣赏自己，肯定自己，不对自己求全责备。

肯定自己，坦然接受自己的弱点、缺点，是对自己的接纳，是对自我的正确认识。人只有认识了自己，才能客观地评价自己，心平气和地接受现实，找出方法乐观向上地发展。

一个小男孩头戴棒球帽，手拿球棒与棒球，全副武装地走到自己家中的后院。

“我是世上最伟大的击球手。”他自信地说完，便把球扔到空中，然后用力挥棒，结果却打空了。不过他毫不气馁，把球从地上捡起来，又往空中一扔，然后大喊：“我是世界上最厉害的击球手！”他再次挥棒，结果仍然落空。小男孩愣住了，他又仔细地对球棒与棒球进行了一番检查，然后再一次把球扔向空中：“我是最杰出的击球手。”可是第三次的尝试依然以失败告终。

在这样的情况下，这个孩子发脾气了吗？没有，他反复挥杆打球，直至打中球，然后兴高采烈地从地上高高跳起欢呼雀跃：“我是一流的投球手！”

小男孩勇于尝试，不断给自己打气、加油，使自己信心十足，尽管他许多次都没有成功，但是他却毫不气馁，不抱怨、不伤心、不生气，也不一蹶不振，他“欣赏自己”，相信自己经过不断努力一定会取得成功。

现今，很多人不会像那个打棒球的小男孩一样换个角度来欣赏自己，一旦失败，就觉得自己这也不行那也不行。人倘若总是在否定自己，就会心情沮丧，觉得自己笨、不行、渺小，处处不如人。久而久之，心胸越来越狭窄，变得苛责自己及别人，变得越来越挑剔。

一个人做不到自己欣赏自己，就会是自己看不起自己，那么，这个人还怎么可能有好心情呢？也许你曾为自己没有富贵的家庭出身而生气抱怨，也许你曾为命运的一波三折而恼火痛苦，也许你曾为经历的坎坷艰难而愤愤不平，可是，你有没有真正平心静气地正视过自己呢？

人能够做到平心静气地正视自己并不容易。其实，没有富贵的家庭并不会影响自己未来的成功，眼下生活工作不顺利并不能代表未来不能取得成绩，经历坎坷会为成功积累经验，人只要有“我能行”的自信，不必在乎他人怎样对待自己以及他人对自己有什么样的评价，记住：不要因自己得不到别人的喝彩而否定自己，记得随时为自己鼓掌就行了。

人如果能够欣赏自己，连太阳、云朵、小鸟、花草都会跟你一起笑，你的世界就会变成欢乐天堂。生活给予一个人的，当然不会永远是赞扬，可能还有责难、讥讽和嘲笑。这时，人一定要学会从自我激励中激发自信心，化怒气、怨气为和气，化痛苦、伤心为动力。

人都希望自己得到他人欢迎，希望所做事情都能按照自己的愿望进行，但实际上，这只能是一种理想状态，因为各种客观环境和客观条件决定了不可能所有人所有事都能如自己所愿。这个道理人人都懂，但是在实际生活中，若事情不能如己之愿，人难免会有情绪波动。

生活中不可能处处都是鲜花，成功之路也不可能是一帆风顺，没有人是十全十美的，没有人事事都比别人强。那么，在人生不是一帆风顺的时候，在人生出现一些挫折的时候，在面前没有鲜花的时候，应该怎么办呢？不妨后退一步，不苛责自己，也不自责力不从心，摆脱负面情绪，调整好心态，激励自己继续前行。

做生意，本想能赚大钱的，但由于种种原因，最后只有保本甚至赔了，这时你会自责、会生气，但你应该后退一步接受这种不完美的现实，再想办法，争取峰回路转。

单位里评职称，自己没评上，不要生气，接受这个现实，换个观念想想：这次差一点儿，再努力一年，下次还有机会！

人都渴望成功、渴望美好，渴望追求幸福圆满、健康快乐。然而有渴望、有追求，就会有遗憾、有烦恼。生活中每个人每天都会遇到或多或少、或大或小的“烦心事”，如果不能及时摆脱，就会产生各种情绪上的问题，久而久之，就会被压得喘不过气来，所以，人应把心里的“担子”及时放下来，把心里的“石头”迅速搬开，换个角度想事情，让自己放松一些，开心一些。

过分地求全责备，就会徒增不愉快；而长期求全责备的生活态度，必将在无形中给自己的生活增添许多难以忍受的烦恼。的确，人不可能做到心中完全无欲无求，但一定不能活得太累，给自己无端地套上枷锁，而苛责自己、求全责备就是给自己添烦恼。

欣赏完美，也欣赏不完美

留白技法是中国山水画中一种特有的绘画技巧，即在整体中留下空白，给人以想象的余地。这种技法看似随意，却以无胜有，给人留下很多想象的空间，以达到于无声胜有声的效果。许多画家通过留出的空白，营造出视觉上的层次感，增加欣赏者的想象空间，给人以想象上的张力，丰富了绘画本身的意义。

留白是一种“不完美”的艺术，它赋予作品丰富性，赋予观看者广阔的遐思和宽容的空间。

林语堂说：“看到秋天的云彩才能更明白，原来生命不能太拥挤，处处事事追求完美反而更加不会完美。”

的确，生活需要点空白来缓冲、来沉淀，所以，为生活的完美奔波的人应停下来，看看自己已拥有的风景；羡慕别人的人也请停下来，看看自己已拥有的美丽。这样才能让自己认识到生命的宝贵，让自己的生活更加鲜活而灿烂，生命的意义更加清晰。

世上没有十全十美的事，也没有十全十美的人。如果你非得在生活中苛求完美，那么等待你的将是无法摆脱的烦恼与遗憾。因为，苛求完美的人总爱往他人他物的缺点上瞧，容不下些许的微瑕与不足，他们看不到自己和他人的优点，所以，就常为达不到自己的愿望而感到烦恼无穷。这就如同一味追求圆满，不留一点空白，就不会有赤橙黄绿青蓝紫的期待，就不会有对将来弥补缺憾的曼妙向往。所以，人在感知世界的时候，不要心急，妄图掌握一切，懂得人生有缺憾，就懂得了人生活的意义。

一位记者去采访两位颇有名气的画家，请他们谈谈如何发现美，并因此而画出美。甲画家说：“追求美和发现美，是每个画家梦寐以求的事，而将它们诉诸笔端，现于画纸，更是每个画家的神圣职责所在，当数义不容辞！不过恕我直言，虽然我跋山涉水，历尽千辛万苦，到过世界上很多地方，但直到现在我都没有真正发现和找到令我满意的素材。比如说，我见过无数张人的脸，但在每张面孔上，我都或多或少地发现了这样或那样的瑕疵。可以说我的追寻不过是一场梦而已，徒劳而无功。你想，这样充满缺陷的面孔，怎能构成我完美绝伦的画卷？所以，我到今天仍在寻找中。”

画家乙说：“我从不把自己当成一位艺术家，也没有到国外去追寻什么灵感，我只是置身于生活之中，与大众融为一体，与他们同哭同笑，结果我发现任何一张面孔都不是微不足道或者一无是处的，我总能在最普通、最平凡的面孔中，发现人的美、找出与众不同的点来。”

两位画家谈如何在生活中发现美、创造美，苛求完美的画家甲看到的是这样或那样的瑕疵，而承认差异、善于发现美的画家乙却从生活中找到了自己创作的素材。可见，不同的心态和不同的审美观所产生的结果，有多么不同。

俗话说，纵是珍珠白玉也会有微瑕。过分地追求完美，会使自己产生一种无法实现的落差。人只有善于从生活中发现美、创造美，才能使生活变得更加多姿多彩。

人的一生，总是围绕着生存、学业、事业、爱情、婚姻、家庭忙忙碌碌，会有两难的选择，会有残酷的竞争，会有无奈的放弃，会有悲痛的时刻，每当这些时候，总会产生无奈、失意、压力、痛苦等各种情绪。再如，工作不顺心、上司不理解、下属不配合、下岗失业、亲人离去、生病住院等，大人物有大人物的烦恼，小人物有小人物的忧愁，正如老话说得好：“人生不如意十之八九。”这都是生活的常态，任何人都会遇到。

没有谁的人生是完美的，不完美就像风雨雷电等天气一样，时不时地出现在人们的生活中。面对自然界中的风雨雷电，人们制造出了雨伞、避雷针；但面对生活中的不完美，很多人却束手无策。其实，不完美换个角度看，一样能找出美来。

鹞子能发出一种动听的尖叫声，当它听见马嘶鸣后，觉得非常好听，十分喜欢，便不断地使劲地去学马那样的嘶鸣声，最终不但一点没有学会，而且连自己原来的叫声也忘记了。

完美，是人们孜孜不倦追求的目标，但是，在现代社会中越来越多的人被“完美”压得喘不过气来。月盈则亏，水满则溢。所谓“金无足赤，人无完人”，世上没有哪一件事、哪一个人是十全十美的。对于“不完美”，我们要正视，能改变最好，不能改变不强求，尽力而为就行了。

有一个年轻人，待人彬彬有礼，做事非常勤奋，可以说是德才兼备。但是，他却一直苦恼于自身的缺陷——他只有一只胳膊，另一只胳膊在一次上山砍柴时摔断了。从此以后，他就总觉得自己低人一等，看见别人都四肢健全、生龙活虎，他实在抬不起头来。为了战胜自卑，他发愤努力学习，每当徜徉于书的海洋之中，他很快就可以物我两忘。但是，一旦放下书本，那种极端的痛苦与自卑又向他袭来。

年轻人的家附近住着一位八十多岁的高僧，一天，年轻人碰到高僧，他向高僧倾诉了自己的苦恼，并把那只没有手臂而空着的袖子转向高僧，说："你看，这就是折磨我多年的缺陷。"

高僧把手伸进年轻人的袖管里，然后抬起头来微笑道："什么缺陷？你的袖筒里什么都没有呀！"

年轻人愣了一下，豁然开朗，愉快地走了。

每个人都渴求生活能够完美一些，希望上天能对自己多一些关照，生命的旅途不要有太多的坎坷，但生活总有事与愿违之时。不完美是正常的，如同擅画者留白，擅乐者希声，养心者留空，只要抛开完美主义的念头，不完美有时一样能带来幸福。

不完美也是一种美，像断臂维纳斯。虽然维纳斯断臂，但丝毫不影响人们欣赏她的美，人们对于这种残缺的美的激动和敬重甚至到了一种不可遏止的程度。

所以，不完美、有残缺并不可怕，人们要做的，只是学会在不完美中和残缺中欣赏美、品味美、创造美。其实，生活正是因为有了这样或那样的不完美和残缺才会显得更加生动、鲜活，而学着接受不完美、接受残缺，就会发现生活的本真，自然的美。

在很多人眼里，追求完美是件最重要的事，因为追求完美能使自己达到优秀。其实，真正的优秀与完美原本就是两回事，一个不完美的人未必不是一个优秀的人。无论多么伟大的人，都会有缺点，只要修正缺点和错误，人就会进步。所以从一定意义上来说，完美是抽象的，人们所奢求的完美，如完美的生活、完美的工作、完美的人生等，都是不现实的，如果对于这些不太现实的事物过于执着，只会使你在寻觅中浪费你宝贵的时间与生活。

第四章

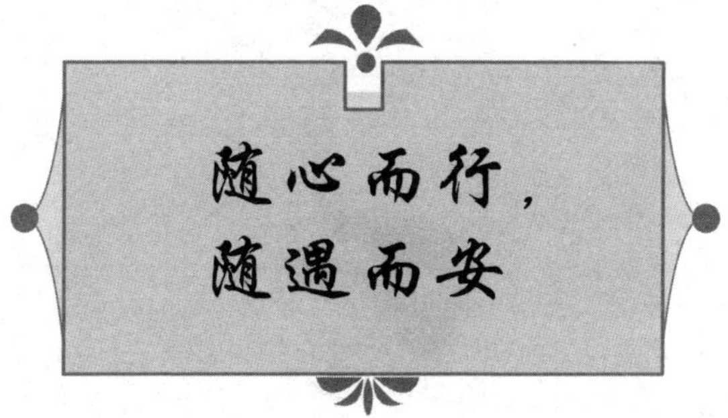

大事化小，小事化了

英国著名作家鲁迪埃德·基普林曾经历过这样一件事：

基普林娶了美国佛蒙特州姑娘卡罗琳·巴勒斯蒂为妻，并在美国买了房子。两个人过着幸福的生活，卡罗琳·巴勒斯蒂的哥哥常到他们家做客，渐渐地跟基普林成了最要好的朋友。后来，基普林买下了卡罗琳哥哥的一块地，因为两个人是好朋友，所以约定：巴勒斯蒂有权收割这块地上的青草。

日子一天天过去了，两家人相处很融洽，基普林不介意巴勒斯蒂割他土地上的草，巴勒斯蒂也乐得沾这个"便宜"。不过好景不长，过了些时候基普林不想空着这块地只让它长草，想在那里建一个花园，并且真的开始动手了。巴勒斯蒂见了非常生气，大骂基普林，可是这毕竟是基普林的土地，基普林怎么能忍受这样的气，于是一来二去两个人就较上了劲，结下了怨。

几天后，骑着自行车的基普林在路上碰见了驾着马车的巴勒斯蒂。巴勒斯蒂蛮横地叫基普林让路，基普林不肯，于是两人又发生争执。愤怒的基普林发誓要到法院去告巴勒斯蒂。

事情传得很快，记者们得到消息马上从各地跑来。基普林和巴勒斯蒂终于站在了法庭上，而宣判结果是巴勒斯蒂赢了。

在这起青草引发的纠纷中，基普林不仅输了官司，也丢了亲情。

生活常常充满冲突和不愉快，这时就是考验人的心性和智慧的时刻了。比如我们总是在一些小事情上纠缠不清，在不知不觉中，烦恼的皱纹就渐渐代替了快乐的笑容。比如洗脸的时候发现脸上跳出几颗小痘痘，上班的路上被人踩了一脚，吃饭的时候遇到一个态度很差的服务员，切菜的时候不小心把手切破了……

各种各样的烦恼、不愉快，肆无忌惮地吞噬着人们的快乐和幸福，甚至人们的一切。所以，倘若不大事化小，小事化了，退让一步，换个角度想问题，就可能出现种种负面情绪。人如果不能做到有胸怀，容忍“是非”，就会因小失大，引发消极情绪的“多米诺骨牌”效应。

多米诺骨牌是一种用木头、骨头或者塑料制成的长方形骨牌，玩的时候将骨牌按照一定的间距顺序排列，轻轻碰倒第一枚骨牌，其余的骨牌就会产生连锁反应，依次倒下。人们把这种现象称为“多米诺骨牌效应”。“多米诺骨牌效应”揭示了事物是存在着相互联系的，世界是一个相互作用的循环体，一个看似很小的初级能量却能产生一系列连锁反应。“多米诺骨牌效应”还告诉人们：一个很小的因素能够引发的却可能是天翻地覆的变化。如果将“多米诺骨牌效应”应用到人的情绪上，即最初很小的怒火如果不加控制，就会产生一种破坏性巨大的可怕的力量，把整个事情推入到一个无可挽回的境地。所以人要胸怀宽广，不较真，能息事宁人绝不让矛盾升级，不把事情扩大化，以免发生产生负面的“多米诺骨牌效应”，导致不可收拾的“烂摊子”，毁全局于一旦。

相传楚国边境有个边城叫卑梁，卑梁的姑娘和吴国的姑娘在边境上采桑叶，一次，卑梁的一个姑娘不小心把吴国的一个姑娘的脚给踩了，吴国的姑娘大为恼火，与卑梁的姑娘动起手来。卑梁人得知之后就带着姑娘去和吴国人评理，吴国人出言不逊，惹火了卑梁人，于是他们就把吴国人给杀了。吴国人又去找卑梁人报仇，结果又把那个卑梁人全家给杀了。卑梁的太守听后大怒，发兵攻打吴国，把当地的吴国人全杀死了。

吴王知道了这件事情非常生气，派人领兵入侵楚国，为此吴国和楚国爆发了大规模的战争。因为两军势均力敌，因此两国都倾注了大量的人力和财力，双方死伤无数，最终吴国俘获了楚国的主帅和楚平王而得胜回国。

从两国人“踩脚”事件发展到一场大规模的战争，中间一系列的过程就是“多米诺骨牌效应”的生动写照。可见如果不能“大事化小，小事化了”，就会导致矛盾升级，最终往往是两败俱伤。所以对待分歧、争端最好的方法就是大事化小，小事化了，这是一种豁达的态度，也是一种将矛盾降到最小的处理问题方法，是解决争端、解决问题的健康心理。

有两个落水者，一个视力极好，一个患有近视。两个落水者在宽阔的河面上挣扎着，很快就筋疲力尽了。突然，视力好的那位落水者看到了前面不远处有一条小船正在向他们这边划来，患有近视的那位也模模糊糊地看到了。于是，两人便鼓起勇气，奋力向小船游去。

游着游着，视力好的那位便停了下来，因为他看清了，那不是一艘小船，而是一截枯朽的木头，于是他失望了。但患有近视的人却并不知道那是一截木头，他还在奋力向前游着。当他终于游到目的地并发现是一截枯朽的木头时，他已离岸边不远了。结果是，视力好的那位在水里丧失了生命，而患有近视的那位却获得了新生。

从这个故事中你悟到了什么吗？人生中有很多事，有时“不知道”反而比“知道”还要好，有时候“不精明”反而比“精明”还要好。这就是人们常说的“难得糊涂”。其实，人生本来就是在“迷局”之中，“糊涂”些，就能体会到快乐和幸福，如果太过于清醒，快乐和幸福也许就抓不住了。“难得糊涂”与“大事化小，小事化了”的心态基本一致。即人遇顺境，要处之淡然；人遇逆境，也要处之泰然，淡然、泰然是指安之若泰，前提条件是“糊涂”。“糊涂”在这里有两解，一为心里明白，行为糊涂；一为本身糊涂，行事糊涂。我们所说的“糊涂”，是指人遇事不要有情绪上的“极端”变化，这种“糊涂”是不争、不怒，人愿意退后，不生闲气，不惹事端的

“糊涂”；是能放下烦恼，学会谅解他人，学会善待自己的“糊涂”；是能正确对待事情，正确看待他人，正确把握自己的“糊涂”。人若始终保持清静平和的心境，保持爽朗舒畅的心情，就能做到大事化小，小事化了。

人的一生是可以快乐度过的，只要你主动远离烦恼，“糊涂”一点就行了。因为世界本身是美好的，所以你要活得快乐些。

容人之过无怒，以善待人无怨

古代的剑客侠士大多既练武又修心。因而，心性越高其武艺也越超常。但是由于心性的修炼要难于武艺的修炼，所以心术不正之人或心态不稳之人不但不能练出超常的武艺，还可能在对决中由于情绪难以自控而导致精神错乱，失败而归。

欧玛尔是英国历史上著名的剑手。他曾与一个与他势均力敌的敌手比武，斗了三十年仍然不分胜负。在一次决斗中，敌手突然从马上摔了下来，欧玛尔趁势持剑跳到他身上，本可一秒钟将敌手杀死。但是敌手这时做了一件事：向他脸上吐了一口唾沫。欧玛尔顿时停手了，他对敌手说："你起来吧，我们明天再打。"那个敌手死里逃生，也怔住了，但是却不明白欧玛尔为什么要这样做。

欧玛尔说："三十年来我一直在修炼自己，让自己不带一点儿怒气作战，所以我才能保持常胜不败。但是你刚才吐我唾沫的瞬间我的心中已经动了怒气，这时如果杀死你，我就违背了竞赛的规则了。所以我希望调整心态之后我们明天重新开始。”

然而，这场争斗永远也不会重新开始了，因为那个敌手从此变成了欧玛尔的学生，而欧玛尔自己则在彻底修心之后，剑术更加出神入化，此后他纯正祥和的心态使他每战必胜，所向无敌。

其实，做人的道理又何尝不是如此呢？当一个人怒气冲天的时候，暴躁的发泄或内心的疯狂会使他丧失理智，从而抑制他的智慧与能力，事情的结果必将向不利于他的方向发展。人只有以平静的心态做事时，才能使自己的智慧充分发挥，达到最佳的效果。由此可见，大发雷霆是无能的表现，一个人如果能通过修炼彻底消除心中的怒气，那才是真正的了不起之人！

莎士比亚说：“不要因为你的敌人而燃起一把怒火，炽热得烧伤你自己。”

宽容的心态会将仇恨栽培成鲜花，所以人只有让自己心里种满鲜花，才能让周围遍地开花。

化干戈为玉帛，让仇恨变成微笑，这其实是需要人胸怀坦荡、大公无私，有容人的度量，还需要有一颗爱心才能做到，这样的人不仅使自己远离了生气的困扰，也会让他人感受到温暖并为之感动，这是人与人快乐相处的源泉。

有个政坛新人被引荐到一位政坛前辈面前，希望能被指点一二。不过这位前辈向新人提了一个要求：交谈中如果新人打断了他的讲话，就必须支付 5 美元的罚款。

新人觉得很有趣，于是爽快地答应了。

“很好，首先，你对听到的关于自己的一些诋毁和诬蔑，最好不要感到愤恨，要随时注意这一点。”

新人点点头，没说话。

“很好，这就是我经验的第一条。但是坦白说，我是不希望你这样一个道德流氓当选的……”

“先生，你怎么可以这样侮辱我……”新人插话了。

“请支付 5 美元。”

“哦！啊！这只是一个教训，对不对?”新人愣了一下。

“哦，是的，这是一个教训，其实，这也是我的真实想法……”

“你怎么能这么说，你这简直是在诬蔑……”新人有点控制不住自己了。

“再付5美元!”

“哦!这又是一个教训，你的10美元赚得太容易了。”新人又自然插话了。

“没错，10美元，你是否先付清钱，然后再继续?因为人人都知道你是个不讲信用的人……”

“可恶!你这个家伙……”新人愤怒了。

“请付5美元。”

“啊，对不起，这又是一个教训，我最好试着控制自己的情绪。”新人垂头丧气地说。

“好的，我收回以前的话，但我的意思并不是这样，在我看来你是一个值得尊敬的人，但考虑到你那声名狼藉的父亲……”

“你才有个声名狼藉的父亲呢!”新人又忍不住了。

“请付5美元。”

最后，政界前辈说:“现在，已不是多少美元的问题，你要记住，你的每一次发火或者你为自己所受的侮辱而生气时，至少会因此丢掉一张选票，对你来说，选票可比钞票值钱得多。”

愤怒是人的本能反应，适当的怒意能让人表现出神态威仪，也能让他人心生敬畏，可有时候，这种本能的表现会将自己推到危险的境地。

奥格·曼狄诺指出："有了愤怒就没有胜利。无论你取得多大的成功，无论你有多少美好的目标，如有愤怒，你就成功无望。"

那么，在生活中，我们怎样才能做到"无怒"呢？如下几点建议可供参考：

一是包容他人的缺点。

"金无足赤，人无完人。"不要因为某人有缺点，便看不起他，或"一棍子打死"，或从此另眼看待对方。

二是"容过"。

容过是一种美德，当他人犯了错误伤害到自己时，尽管自己心里并不愉快，甚至感到愤怒，但如果设身处地地为对方着想，或换位考虑，然后放下矛盾，心中释然，就是"容过"。能否用宽容的态度对待他人之"过"，是衡量一个人素质高下的标准。

富兰克林编纂的《穷理查智慧书》上说："善待朋友可以保住朋友，善待敌人可以争取敌人。"

发怒对人有百害而无一利，因此，当人有不良情绪，发泄出来是对的。不过作为一个现代文明人，可以发泄怒气，但不能随便向别人发泄，我们应该意识到，向别人随意发泄不良情绪不仅是一种恶劣的行为，而且损人不利己，得不偿失。

三是多替别人考虑，学会调控自己的不良情绪。

人一有情绪就拿别人当出气筒，不仅会让人反感，也会给自己的生活带来意想不到的麻烦和问题。

所以，当引起人情绪不好的原因很难排除时，可以采用“自我暗示法”调节情绪，找出使自己产生不良情绪的原因，努力排除它。

常用的“自我暗示法”也叫“自我鼓励法”，比如对自己说：“要平静，别发火！”这种积极的暗示能够调节不良情绪。

四是当心情突然不好的时候，最好去干点儿别的事情，转移注意力。

分散一下精力，使自己没有时间去思考不愉快的事情，或者将自己不愉快的事情给亲人或知心朋友说出来，这也是清除不良情绪、防止发怒的好办法。

恬淡为上，胜而不美

《老子》说：“恬淡为上，胜而不美。”这句话讲述了一种“心神恬适”的意境。唐代白居易在《问秋光》一诗中，也写下了“身心转恬泰，烟景弥淡泊”，写出了作者心无杂念，凝神安适，不计较于眼前得失的那种长远而宽阔的境界。

现今，“非淡泊无以明志，非宁静无以致远”这句话常被人引用，用现代话来说就是不把眼前的名利看得轻淡，就不会有明确的志向；不能平静安详全神贯注地学习，就不能实现远大的目标。这同“将欲取之，必先予之”、“欲达目的，需先迂回曲折”的道理一样。人“淡泊”“宁静”，不是不想有什么作为，而是要通过学习、明志，树立远大的志向，待时机成熟，再轰轰烈烈干一番事业。

居里夫妇对大多数人所积极追求的名声、富贵或奢华都看得非常轻淡。在他们发现镭之后，世界各地纷纷来信希望了解提炼镭的方法。在如何对待专利的问题上，居里先生平静地说："我们必须在两种决定中选择一种。一种是毫无保留地说明我们的研究成果，包括提炼方法在内。"居里夫人做了一个赞成的手势说："是，当然如此。"居里先生继续说："第二个选择是我们以镭的所有者和发明者自居，但是我们必须先取得提炼铀沥青矿技术的专利执照，并且确定我们在世界各地造镭业上应有的权利。"

取得专利代表着他们能因此获得巨额的金钱、舒适的生活，还可以传给子女一大笔遗产。但是居里夫人听后却坚定地说："我们不能这么做。如果这样做，就违背了我们原来从事科学研究的初衷。"

居里夫妇轻易地放弃了唾手可得的巨大名利，如此淡泊名利的人生态度，使人们感受到了他们不平凡的气度。所以，淡泊名利的人，会培养自己高尚的品德。

现今"觉悟"一词是从佛学中来的。什么是觉悟呢？学者于丹对这个词有过这样一番解析：觉下面一个看见的"见"，悟是竖心旁加一个"吾"，所以"觉悟"本初的含义就是"见我心"，也就是"有能力看见自己的心"。觉悟，无论是渐悟还是顿悟，都要在生活中拥有一颗平常心才能做到，觉悟的目的是遇事想得开、看得透、提得起、放得下，处世清楚，为人豁达，宠辱不惊，毁誉不计，淡泊明志。

“恬淡为上，胜而不美”是一门艺术，更是一门学问。很多人做不到恬淡为上，他们凡事争胜，结果是处处争胜，时时生气。

有人调侃地说，世上的人可以分为两种：一种是眼睛看着自己碗里的，一种是眼睛盯着别人锅里的。前一种人，细心品味和享受自己已经拥有的，整个人满足而快乐，他们拥有的越多，就越觉得幸福和知足；后一种人，本已有却顾不上细细品味，总盯着新目标，想着把“目标”“弄到手”。这种人拥有的再多也看不到自己拥有的价值，总想获得更多，得不到就气恨难平，常乱了自己的心性，有个词叫“欲壑难填”，说的就是后一种人。

人生活的目的就是要得到幸福，可是幸福不是金钱、洋房、轿车，不是山珍海味、美衣华服，也不是赞美和颂扬，它从来都没有固定的面孔。对真正懂得生活的人来说，生活的本来面目是朴素的，是淡泊明志，胜而不美。

贝蒂·戴维斯在她的回忆录《孤独的生活》中说：“任何目标的达成，都不会带来满足，因为成功必然会引发新的目标，如同苹果会有种子一样，它们是永无止境的，除非你懂得知足才是人生常乐的秘诀，否则，你永远都不会满足于自己所拥有的一切。”所以，很多时候，得不到时不必太在意，因为强取来的并不一定是最好的，只有珍惜已有，顺其意，才是最美妙的。

宋代青原禅师说：“老僧三十年前来参禅时，见山是山，见水是水；及至后来亲见知识，有个入处，见山不是山，见水不是水；而今得个体歇处，见山还是山，见水还是水。”这段话讲述了人生必经的三个境界。

人生第一重境界：看山是山，看水是水。因为涉世之初，人们怀着对这个世界的好奇与新鲜，对一切事物都用一种童真的眼光来看待，万事万物在人们的眼里都被还原成本真，山就是山，水就是水，人们相信自己所见到就是最真实的，并对规则有种信徒般的崇拜，相信世界是按设定的规则不断运转。

人生第二重境界：看山不是山，看水不是水。随着人的岁数增长，在现实里处处碰壁，从而对现实与世界产生了怀疑，认为自己看到的并不一定是真实的，一切如雾里看花，似真似幻，似真还假，于是再看山看水，山不是山，水不是水，在现实里容易迷失方向，随之而来的是迷惑、彷徨、痛苦与挣扎，有的人就此沉沦在迷失的世界里，还有些人开始用心地去体会这个世界，对一切事物都多了理性与现实的思考，认为山不再是单纯意义上的山，水也不是单纯意义的水了。

人生第三重境界：看山是山，看水是水。这是人洞察世事后的一种“返璞归真”，但不是每个人都能达到这一境界。人生的经历须积累到一定程度，不断地反省，对世事、对自己的追求有了一个清晰的认识，知道自己追求的是什么，要放弃的是什么，这时，看山还是山，看水还是水，只是这山这水，看在眼里，已有另一种内涵在内了。所以，人本来是人，不必刻意去“做人”；世界本是“世界”，无须精心去“处世”。人一旦明白了这三重境界的内涵，就理解了什么是真正的做人与处世了。

淡泊的真境界，是“返璞”后的“归真”，人活在世上，不与旁人有计较，面对俗事可“放下”，一笑置之，就是拥有了乐观豁达的美好人生。

平和安然，便是吾乡

很多人面对每天的工作与生活，常表现得很厌烦，此时应该做的就是换一种心情：不气不急，不怒不怨。

小黄是一家公司的部门经理，工作上很有能力，再难的问题他也能解决好。因此，小黄深得上司的器重。在外人看来，小黄不仅在工作中很受重视，在家庭生活中，小黄也是一个很幸福的人，妻子既贤惠又漂亮。但是，就是这样一个在外人看来很幸福的人，却在不久前得了抑郁症。原因其实很简单，他是一个要求严格的人，不只对自己要求高，对别人要求也高，对工作要求高，对家庭要求也高，所以压力很大。由于每天生活在压力之中，头脑中的弦绷得太紧，于是得了抑郁症。同事们知道后非常惋惜地说："那个黄经理，之所以会得抑郁症，就是对自己要求太高了，总是不肯接纳自己的缺点，将自己看成是完美无缺的人，不能以平常心接纳自己，无法做到理想状态的时候，就将心中的不满转移到下属身上，自己又不善于与人沟通，长期憋在心里，不得病才怪呢。”而妻子知道小黄的病，十分无奈地说：“小黄对我和孩子的要求太高了，我让孩子少上一次课外班，他都跟我急，孩子要是考试成绩达不到90分，他就训孩子。”

古人说“随遇而安”，其中的“安”，一可理解为听天由命，安于现状；二可理解为心灵不为不如意之境遇所扰，无论何种处境，均能保持一种平和安然的心态，并继续坚持自己的追求。前者之“安”，或许可以称之为“消极处世”；而后者之“安”，是指人需要一种良好的心理调节能力，需要一种超脱、豁达的胸襟。我们提倡的是后者，但后者不是人人都能做到的。如上面故事中的“小黄”。

宋代文学家苏轼的友人王定国有一名歌女，名叫柔奴，眉目娟丽，善于应对，其家世代居住京师，后王定国迁官岭南，柔奴随之，多年后，复随王定国还京。苏轼拜访王定国时见到柔奴，问她：“岭南的风土应该不好吧？”

不料柔奴却答道："此心安处，便是吾乡。"

苏轼闻之，心有所感，遂填词一首，这首词的后半阕是："万里归来年愈少，微笑，笑时犹带岭梅香。试问岭南应不好？却道：此心安处是吾乡。"

在苏轼看来，偏远荒凉的岭南不是一个好地方，但柔奴却能像生活在故乡京城一样处之安然。而从岭南归来的柔奴，看上去似乎比以前更加年轻，笑容仿佛带着岭南梅花的馨香。苏轼认为柔奴的美不仅是"随遇而安"的结果，也是"心灵之安"的结果。

中国古人强调生活也要修心，认为人无论是居庙堂之上还是处江湖之远，都需要保持一颗平常心，不为世俗所影响，让自己在平静中生活，让心灵充满阳光。这样才是快乐生活，幸福生活。现今，很多人说"等我赚到100万，我就可以快乐生活"。有人说"等我实现了某某目标，我就可以不那么奔波劳累"。还有人说"等我退休了，我就能躺在安乐椅上享受日光浴"……其实快乐生活、幸福生活不应该用"假如"来限定前提条件——人无论何时，都有权让自己处在安宁之中，不论是百万富翁或是一贫如洗之人，只要心安就可品尝快乐。

有些人总是把拥有物质的多少、外表形象的好坏看得过于重要，还有些人用金钱、精力和时间去换取优越生活和光鲜亮丽的外表，得不到就会生气、郁闷。其实，不论是想追求浪漫的人生还是想追求幸福的生活，人都需要调整好自己的心态，如同一个善用钟表的人不会把表的发条上得太紧，一个优秀的司机不会把车开得太快，一个善于控制情绪的人会让心情永葆平静。

某地有位珠宝商，他的店铺橱窗里陈列着许多昂贵的钻石、金戒指以及各种珍珠、宝石。

有一次，一位穷人站在了橱窗前欣赏。过了一会儿，穷人走进珠宝店对店主人感谢道："谢谢你让我看到了这么多钻石与珠宝。"

店主人听后惊讶地说："你为什么因此而感谢呢？你只是看而已。"

穷人回答："我看看就足够了。再有钱的人买了钻石也只能看，不是吗？既然这样，我不是和拥有钻石的富翁一样吗？不过，不同的是富翁还要担心钻石可能被人偷走，而我却只享受欣赏的乐趣，且不必忧心忡忡。"

这虽然只是个故事，但如果你此时正为贫困或不满所烦恼，为生活的不公而生气，真该学学这个穷人的快乐心境。

苏东坡受“乌台诗案”牵连，险些丢掉性命，被贬为黄州团练副使，身处如此逆境，他却旷达如旧，在赤壁的月夜写出了脍炙人口的《前赤壁赋》：“寄蜉游于天地，渺沧海之一粟，哀吾生之须臾，羡长江之无穷。”他认为，一个人如果把自己放到宇宙之中，不过是一粒尘埃，何必让环境左右自己，自己又何必和命运斤斤计较呢？

人贵有一颗平常心，要时时对自己说一声：当生活不如意的时候，要审视的不光是自己的努力程度，还有自己的情绪；当自己身体出问题的时候，要检查的不仅仅是自己的身体，还有自己的心灵。所以，有了好情绪和一颗安宁的心，就不会与别人计较、攀比了。

人生本来应该快乐自在，千万不能偏执，更不能执着于什么。苏东坡曾赠其弟有诗云：人生到处知何似，应似飞鸿踏雪泥，泥上偶然留指爪，鸿飞哪复计西东。苏轼的诗说明人生的很多东西好似雁过无痕，没有什么是永恒的，比如沧海变桑田，没有什么是不变化的。真正的永恒是相对而言的。有些曾经风光无限不可一世的人，有些曾经轰动一时的事件，就像泥地里留下的指爪，哪一件不随着时间流逝而变淡，被人忘记呢？所以，人不要执着于一些小事，或执着于一些形式上的纷纷扰扰，到头来烦恼的总归是自己。人的生活应像远去的飞鸿，展翅翱翔，不为任何事物所牵绊。

生活中，有些事需要执着去做，需要认真去做。但更多时候，人需要“放下”。人没有必要用沉重的心态去对待发生的每一件事，遇到的每一个人。人心中无成见、无偏见、无“心机”、无名利时，所看到的、所听到的、所欣赏到的、所品味到的都将是快乐的，并且内心平和；而不“放下”，不仅会背负重担前行，会起烦恼，会起怨气，会自己给自己制造牢笼，而且内心还是痛苦的。

“放下”与执着，是生活的两面，不能让执着成为影响快乐生活的阻碍。拥有好的心理调节能力的人，会将执着和“放下”分清，会将心安和心躁平衡，让人无论何时都能轻装前行。

简单做人，认真做事

人在生活中如果过于执着于事情，就会把简单的事变得复杂。所以我们在处理事情时，能简单则简单，不要人为地把简单变成复杂，以免事态扩大化。

心理学上有一个“奥卡姆刺刀”效应，这是由英国奥卡姆一个知识渊博、能言善辩的“驳不倒的博士”威廉提出来的，他提出一个原理：如无必要，勿增实体，即能简单做好的事情就简单去做，千万不要扩大化。为什么“奥卡姆剃刀”效应为人推崇呢？原来无论是对于科学现象还是个人成长来说，复杂化都是人最大的障碍之一。几乎所有的事物，包括人类的所有活动，从诞生之初开始，都是从简单自然逐渐变成复杂化，这种不断向复杂化延伸的趋势很多时候掩盖了事物本质，让人看不清楚解决问题的真正途径。所以复杂的事简单化很重要。法国著名哲学家、数学家笛卡尔说：“我会做的事情只有两种，一种是完成简单的事情，一种是把复杂的事情变得简单。”

金庸小说《神雕侠侣》中，主人公杨过断臂后获得一把重剑，杨过并没有去想自己只有一只手臂，他练习后反而发现，只要一只手臂力量够大，练成的剑术直接的威力远胜过繁多花哨的用剑招式。他反复训练自己的臂力，使他的武功真正踏入一流高手的境界。所以，简单也可奏效，简单地执行，也能有效地完成目标。

有一个小和尚非常苦恼，因为师兄师弟们老是说他的闲话。无处不在的“闲话”让他无所适从。

念经的时候，他的心不在经上，而是在那些“闲话”上。

他跑去向师父告状：“师父，他们老说我的‘闲话’。”

师父双目微闭，轻轻说了一句：“是你自己老说‘闲话’。”

“他们瞎操闲心。”小和尚不服。

“不是他们瞎操闲心，是你自己瞎操闲心。”

“他们多管闲事。”

“不是他们多管闲事，是你自己多管闲事。”

“师父你为什么这么说？我管的都是自己的事啊。”

“操闲心、说闲话、管闲事，那是他们的事，就让他们做去，与你何干？你不好好念经，老想着他们操闲心，不是你在操闲心吗？老说他们说闲话，不是你在说闲话吗？老说他们管闲事，不是你在管闲事吗……”

话未说完，小和尚茅塞顿开。

在我们被别人说长论短时，我们总会伤心、难过、生气、发怒，其实这是自己把外界的人与事看得太重，也就是把简单的事复杂化了。何不学学故事中小和尚师父的智慧？只要做好自己就行了，他人的评价其实是左右不了我们的，也不应该影响我们的心情，干扰我们的生活，因为每个人都有自己的生活，人生是“横看成岭侧成峰，远近高低各不同”的艺术，所以走自己的路，不要去管他人说些什么。

中秋的禅院里一片荒芜，点缀着稀稀疏疏的杂草。老和尚去集市买了一袋子草籽回来，交给小和尚说：“你找个时间撒种去吧。”

小和尚乐滋滋地拔掉杂草，小心地把草籽撒在选中的地上，眼前仿佛出现了一片绿油油的草地，蜂飞蝶舞……

不一会儿，起风了。

“不好啦，师父！草籽都被风吹走了！”

“慌什么，随它去吧。被风吹走的都是瘪的空的籽，没关系。”

不一会儿，麻雀来了。

“不好啦，师父！麻雀把咱们的草籽都吃了！”

“慌什么，随它去吧。反正草籽多，鸟是吃不尽的，肯定还能剩下好多的，没关系。”

不一会儿，下大雨了。

“这下子彻底完蛋了，师父！大雨把咱们的草籽全都冲走了！”

“慌什么，随它去吧。雨将草籽冲到哪儿，草籽就会在哪儿安家发芽，没关系。”

小和尚鼻子都快被气歪了，怎么碰上这么个“随它去”的“没关系”师父呢！

第二年春天，禅院里居然到处长满了绿油油的小草，比小和尚原先设想的最好的情况还要好上10倍。小和尚惊讶不已。

老和尚摸着小和尚的脑袋说：“我早说了‘随它去吧’‘没关系的’，你看是不是这样子啊，好徒弟？”

小和尚不好意思地低下了头。

小和尚如果按照自己的想法去种草籽的话，可能又费时又费力，还没有好的效果。所以，在人生的道路上，人有时有种坦然随缘的心态，能让自己活得轻松点儿。

人应尽量简单做人，认真做事。上文案例中，撒种是个简单的事，小和尚干活认真，碰到起风、鸟吃草籽、下雨等问题，小和尚一一解决，而老和尚解决问题的方法是简单化处理。如若复杂处理，是将简单问题复杂化了，不仅很难处理，效果也不见得好。所以处理问题要灵活，尽可能将问题变简单，比如凡事不追求太完美，不在一个时间做多件事，等等。

简单做事，不是潦草做事，也不是省略环节做事，同样是认真做事。所以，不能因为“简单做事”，找各种借口，把事情“做砸”。

放弃欲望，拥有更多

有一句经典的话叫作：当你握紧双手，里面什么也没有；当你打开双手，世界就在你的手中。这句话讲的是放弃。放弃是一种人生智慧。放弃，并不是头脑简单，不求甚解，随便放弃；而是转换思路，不钻牛角尖，删繁就简，轻装上阵，保持一种清醒和冷静；放弃，也不是单纯和幼稚的表现，而是一种更高的战略智慧，是一种睿智的理性选择，是对人生的深刻感悟。放弃的智慧在心理学上得到了“卡贝效应”的验证。

“卡贝效应”由美国电话电报公司总裁卡贝提出，“卡贝效应”告诉人们：放弃是创新的钥匙。放弃有时比继续努力更有意义。人不懂得放弃，就不会懂得什么是真正的争取，因为如果努力的方向与目标无关，那么或许目前拥有的东西就已经成为了负担，此刻再去追求只会成为一种拖累，会让人背负更加沉重，情绪受到打击，心态保持不了平和。所以当拥有已经成为一种劣势，那么一定要果断地放弃。这样，当你放弃了本不该奢求的目标或者执着，你就会突然发现，你已经得到了你曾争取而求之不得的东西。卡贝效应和中国古人“失之东隅，收之桑榆”的智慧不谋而合，或者简而言之可以说放弃是为了更好地拥有。

第二次世界大战期间，科学家爱因斯坦为躲避法西斯的迫害，移居美国。普林斯顿大学以最高年薪1.6万美元聘请他，但他说：“能否少一点？3000美元就够了。”有人大惑不解，他却说：“每件多余的财产，都是人生的绊脚石，唯有简单的生活，才能给我创造的原动力。”爱因斯坦直到生病住院，还说：“简单的生活，无论是对身体还是对精神，都大有裨益。”

其实，爱因斯坦一生的成就也离不开他简单的生活态度，正是简单的生活态度，让他的心态平和，不被世俗的负荷所累，使得他能够更加专心地做自己的研究。

人的生活目标是追求快乐和幸福，但只有学会了放弃，才能学会争取。快乐和幸福更多是一种思想和精神层面的感受，绝非一般意义上的财富、地位和权力。有人虽清贫，但可能成就累累硕果；有人虽无什么社交，但其独处仍会感到踏实、自在、无拘无束、无忧无虑、纯真快乐。所以，快乐、幸福都是个人的感受。

古时候，有位书生上京赶考，一连赶了好几天的路，他累得实在是走不动了，于是就在树下睡着了。书生这一睡，就睡了好几个时辰，不过醒来的时候还是觉得头脑发昏。所以，他摇摇晃晃地来到河边，准备洗把脸，以便能继续赶路。

他来到河边，看到一个渔夫和他钓到的鱼。

书生说："哇，好大的鱼啊！"

渔夫看了书生一眼，得意地笑了一下。

书生说："老先生，这么大的鱼我见都没见过，您是怎么钓到的啊？"

渔夫说："当然需要一些技巧！"

书生说："能说来听听吗？"

渔夫说："其实，我也是试了好几次才最终把这大家伙钓上来的。"

书生说："那你是怎么钓上来的呢？"

渔夫说："我在这里钓了许多年的鱼，但从来没有见过这么大的鱼，我刚发现它的时候，觉得很惊喜，心想一定要钓到它。”

书生点点头，追问：“后来呢？”

渔夫说：“后来，我就在鱼钩上挂上了鱼饵，放在水里去给它吃。谁知道，它连看都不看一眼，我想它可能觉得这个鱼饵实在太小了。”

书生说：“那就换大一点的鱼饵啊！”

渔夫说：“是啊，于是我就把饵换成了一只烧鸡，没想到果然奏效。不一会儿，那大鱼就上钩了。当它正吃鱼饵时，我的钓线早就牢牢地缠住他的嘴巴了，使它无法动弹，当然也就游不走了。”

听完渔夫的话，书生感叹地说：“鱼啊，鱼啊，河里的小鱼小虾这么多，你一辈子都吃不完，可是你却经不住诱惑，偏偏去吃渔夫的大饵，是贪念害死了你啊！”

法国杰出的启蒙哲学家卢梭曾对物欲太盛的人做过极为恰当的评价，他说：“十岁时被点心、二十岁被恋人、三十岁被快乐、四十岁被野心、五十岁被贪婪所俘虏。人到什么时候才能只追求睿智呢？”

“立身莫被浮名累，涉世无如本色真。”放弃欲望对人真的是一种高尚的追求。人有了这种境界和追求，就会以超脱、自然的态度处事为人，当然也会少了扰心的杂念和私欲，更不会情绪激动浮躁，也没有了桩桩顾虑和种种担心，没有了尔虞我诈和钩心斗角，会“卸载”思想的负担，让心灵长出翅膀，在飞翔时变得自由自在和无牵无挂。

曾经，有一对穷困潦倒的兄弟，家徒四壁，他们买不起床，只有一张长凳，每天晚上两个人都挤在长凳上睡觉。

一个偶然的机会，一位神仙从他们家路过，他实在不忍心再看着这两位兄弟继续如此窘迫下去，便悄悄地告诉他们：“明天你们过了后山，再翻越一座高山，便是太阳山。你们可以去那里挖一些金子回来，但前提是必须在太阳升起之前下山，否则一旦太阳升起，你们就有可能被晒死。”兄弟俩听了非常高兴，连连向神仙道谢：“谢谢您，谢谢您！我们一定能够赶在太阳升起之前下山的。”

第二天，兄弟两人便早早地起床了，每人拿着一个袋子向太阳山直奔而去。一到太阳山，他们便开始迫不及待地往自己的袋子里装金子。弟弟边装边对哥哥说："要是这里的金子全归我们所有就太好了！"过了一会儿，眼看着太阳就要升起来了，哥哥对弟弟催促道："一会儿太阳就要升起来了，我们还是赶快下山吧！"弟弟终是不肯，望着满山的黄金，他早就把神仙的劝告置于九霄云外。无奈之时，哥哥只好先下山了。

下山后，哥哥用自己所捡到的那些黄金做起了小买卖，几年之后，便发了大财，还娶了个漂亮的媳妇，一家人过着甜美和睦的生活。然而，可怜的弟弟却永远留在了太阳山上。就在弟弟准备下山时，太阳已经升起来了，整个山开始融化，就这样，他被炙热的太阳融化了。

贪婪使人丧失理智，贪婪使人在诱惑面前迷失方向，失去判断力，贪婪不仅可怕，还是导致人毁灭的原因，所以，正确对待贪欲，给自己欲望上道锁，加条防线，学会放弃的智慧，这样才会"自控"，不会在人生的旅途中迷失方向。

计较迷本心，争执增烦恼

古人云：“兰槐之根是为芷，其渐之滫，君子不近，庶人不服。”是说本来是上等香料的芷，被浸泡到臭水里，就会变臭，使得人们远离它。这是因为芷受外界的滋扰，不能保持自身的清新，被脏水污染。而国王如果不加强自己的修养，百姓就不会服他。

所以，人如果凡事斤斤计较，执着于名利，那么这个人会很困苦，只有做到心无外物，才能生活得更幸福。许多人不把身上的名利担子放下来，不把心灵里的杂质清空，就会沉迷于物欲，甚至执着于一些并不属于自己的东西，在拼命追求一些虚无缥缈的目标时，就会不断受挫，承受着一次又一次的打击，长久下去，心灵终会被痛苦和烦恼充斥。

心理学中有一个经典的实验：实验者发给多个4岁孩子每人一颗好吃的糖，同时告诉他们如果马上吃只能吃到一颗，如果等20分钟再吃就可以得到更多的糖。少数的孩子禁不住诱惑马上把糖吃掉了，但更多的孩子耐住了性子，从而得到了更多的糖。

实验者在后期通过跟踪观察这些孩子发现，那些能忍耐以获得更多的糖的孩子表现出更强的适应能力，他们有自信心、有独立精神，而当年那些禁不住诱惑的孩子则在信心、独立精神上较差。这就是著名的“延迟满足效应”。

“延迟满足效应”是说人对待诱惑要有抵御的态度。在《世说新语》中记载了这样一个故事。

有一个叫王恭的人，从会稽回家后，同宗前辈王忱去探望他，看到他坐在一张六尺长的精致竹席上，王忱觉得席子既新奇又漂亮，于是喜欢，继而动了贪心。王忱对王恭说：“你从会稽那边回来，所以能够弄到这种新鲜的好东西，不妨送一张给我吧。”王忱走后，王恭让家人把自己坐的那张竹席给王忱送过去。其实，王恭没有多余的席子，送走席子后，他只好坐在草垫上。

后来王忱听说这事，非常惊讶，觉得惭愧，就对王恭说：“我本来以为你有多余的席子，所以才向你要。”王恭回答说：“你不了解我，我做人的标准是：在生活上不喜欢多余的东西。我以为，只有少了物质上的累赘，才会有心灵上自在的空间，这才是真正的幸福啊。”

其实一个人在一生中实际“需要”的东西并不多，但“想要”的东西则太多太多。有许多人为了得到“想要”的东西而吃不好睡不好，搞的自己“一身糟”，心灵也受到极大的伤害；还有许多人为了“利益”争得头破血流，甚至搭上了性命。对物欲的追求人人都有，但不加控制，就不是好事了，“放不下”的执念是人生的大敌。

小刘大学毕业后，在一家信息公司工作了两年，自认为在业务与资历方面都有了长足的进展，就不免飘飘然自以为得意。后来小刘被人事部调至一个新部门，部门里的老张引起了他的注意。

在小刘眼里，老张就是他的对手，公司里许多有胆、有识、有为的年轻人都是在跟老张的“较量”中纷纷落马。所以当小刘知道自己要和老张做搭档时，极度自负的他觉得有一种将遇良才、棋逢对手的感觉，大有和老张一决胜负之势。

小刘觉得自己占据着各方面的优势：年轻、博学、新潮、反应灵敏、懂电脑、懂英文，这些都是老张不具备的。

小刘决定，给老张一点“颜色”看看。小刘的新部门是公司策划部，在信息公司，这是一个举足轻重的部门，是老总直接领导、最为重视的一个部门。那天，在讨论一个方案的可行性时，只要老张一开口，小刘就立即提出反对意见，让大家一眼就看出老张观念之落伍、学识之老化。

接下来的几天，在小刘迅速而果断的办事能力的对比下，办公室所有的同事都发现了老张在工作中的不足。老张常常头上冒汗，口中念叨着“老了，老了”。但就在小刘趾高气扬时，却发生了一件改变结局的事情。

一天老张领了一个人来找小刘，让小刘给他安排工作，老张故意让小刘打断那个人的话，然后接着说这是他孙子的老师。小刘为了让老张尽失颜面，故意把那人刁难一番，横挑鼻子竖挑眼。

第二天，董事长把小刘叫去，小刘才知道他刁难的那个人是董事长的一个朋友。从此以后，董事长对小刘心存偏见，直到一纸调令让他去了一个别的部门。

小刘怒气冲冲地找老张质问，老张说要想不办错事，就一定要先学会尊重人。小刘反省后，不得不承认：自己犯下了大错。

上面案例中小刘的故事印证了职场上一大定律：以针尖对麦芒之势对待竞争对手，也许会出一时之气，但却往往会变成一场闹剧或有争议的话题，对自己的形象产生负面影响。所有，计较迷本心，争执增烦恼。一个人别以为与竞争对手的争辩是在显示自己的聪明，尤其不要以为为了个人利益而大动肝火是显示自己的才智，这会让人觉得你原来竟是如此重视自己的得失，实际上是犯了大错。任何时候，人都不要与自己的竞争对手发生正面冲突，能握手言欢迅速解决矛盾是最佳途径。

“木秀于林，风必摧之”，急流勇退虽有遗憾，但却会少了许多烦恼。“身后有余忘缩手，眼前无路思回头”，这是《红楼梦》第二回中，贾雨村在维扬(今扬州)的智通寺门上看到的一副对联。这是一副洞察世情总结出来的深刻佳对，“有余”之时不思退步，“无路”之时“再回头”，又怎么能够呢？

所以，人不要太计较，不要为小事起争执。

第五章

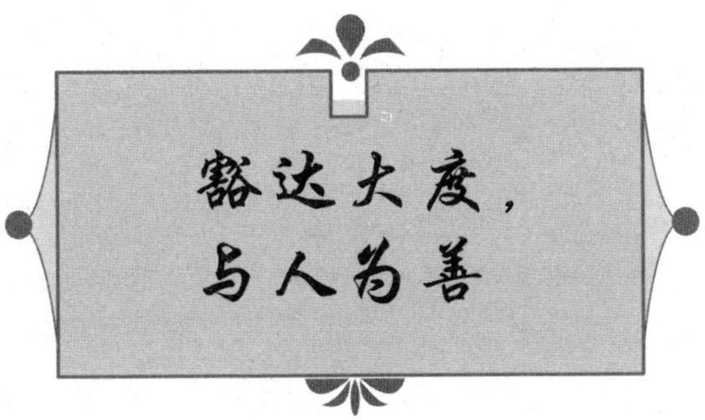

豁达大度，与人为善

宽以待人，求同存异

懂得宽容的人大多情绪平和，不发或少发脾气，他们明白求同存异，才能产生“互悦效应”。“互悦效应”也称“对等吸引定理”，即人们通常所说的求同存异才能两情相悦。

在人们的交往中，互悦是一种很自然的心理规律，即在人际交往中如果你想受到别人的欢迎，或者想让对方支持你、同意你的观点，仅仅提出自己良好的建议是没有用的，还必须懂得尊重他人，求同存异，宽容别人。

人的交往贵在宽以待人，求同存异，这样才能互悦，进而悦人。可以说，宽以待人、求同存异是一个人道德水平高的表现，所谓“有容德乃大”，这不仅表明一个人豁达大度，胸怀宽阔，而且也是一个人具有兼容并包的智慧的表现。

宽以待人、求同存异是一种涵养，是一种交往的艺术。它像一种明澈而柔润的调和剂，可以润滑彼此间的关系，消除彼此间的隔阂，扫清彼此间的猜忌，增进彼此间的了解，使彼此之间交往其乐融融。

拿破仑在长期的军旅生涯中养成了宽容他人的美德。作为全军统帅，批评士兵的事经常发生，但每次他都不是盛气凌人的，他能很好地照顾士兵的情绪。士兵往往对他的批评也能欣然接受，而且充满了对他的热爱与感激之情，这大大增强了他的军队的战斗力和凝聚力，使其成为欧洲大陆一支劲旅。

在征服意大利的一次战斗中，士兵们都很辛苦。拿破仑夜间巡岗查哨，在巡岗过程中，他发现一名巡岗士兵倚着大树睡着了。他没有喊醒士兵，而是拿起枪替士兵站起了岗，大约过了半个小时，哨兵从沉睡中醒来，他认出了自己身旁的最高统帅，十分惶恐。

拿破仑却不恼怒，他和蔼地对士兵说："朋友，这是你的枪。你们艰苦作战，又走了那么长的路，你打瞌睡是可以谅解和宽容的，但是目前，一时的疏忽就可能断送全军。我正好不困，就替你站了一会儿岗，下次一定要小心。"

拿破仑没有破口大骂，没有大声训斥士兵，没有摆出元帅的架子，而是语重心长、和风细雨地批评士兵的错误。有这样大度的元帅，士兵怎能不英勇作战呢？如果拿破仑不宽容士兵，那后果只能是增加士兵的反抗意识，丧失了他在士兵中的威信，导致下级的愤然情绪。

宽以待人要求人们“己欲立而立人，己欲达而达人”，即自己要站得正，自己要严格要求自己，才能以榜样的力量去感化别人。“君子成人之美，不成人之恶”，是以道德修养为基础的。

那么，容人究竟应当容些什么呢？

一是容人之长。

人各有所长。取人之长补己之短，才能互相促进，事业才能向前发展。刘邦在总结自己成功经验时的那段话很发人深省：“夫运筹于帷幄之中，决胜于千里之外，吾不如子房；镇国家，抚百姓，给饷馈，不绝粮道，吾不如萧何；连百万之众，战必胜，攻必取，吾不如韩信。此三者，皆人杰也，吾能用之，所以取天下也！”由于刘邦善于用人，并能容人之长，因而打下了天下。倘若他忌妒他人的长处，处处指责他人，就会为自己埋下了“离心离德”的种子，于人于己都是不利的。

二是容人之短。

金无足赤，人无完人，容不得别人的短处势必难以共事。人都有缺点、短处，这是客观存在的现实，宽以待人的人不会计较他人长短，而是把“求同存异”作为处理人际关系的首要准则。

三是容人之“性情”。

由于人们的家庭出身、社会经历、文化程度不同，性格必有差异。因此，容人从根本上来说，就是要能够接纳人的各种不同性格，这是“容人”最基本的法则，离开这一点，其他的“高风亮节”就无从谈起。

四是容己之仇人。

这是容人的最高境界，也是一种高尚的品德。齐桓公不计管仲一箭之仇仍任其为相的故事，历来为人们所津津乐道。

春秋时期，管仲是齐国著名的政治家。他“相桓公，霸诸侯，一匡天下”。然而，管仲的成就，与鲍叔牙知人让贤的品格、齐桓公不记前仇的气量是分不开的。

年少时，鲍叔牙与管仲就是好朋友，互相都很了解，鲍叔牙曾与管仲合伙做生意，鲍叔牙本钱出得多，管仲出得少，但在分配利润时管仲却总是多要。鲍叔牙并没有觉得管仲自私，而是认为管仲家里穷，多得点没关系。后来，鲍叔牙当了齐桓公小白的家臣，管仲当了齐公子纠的谋士。

公元前689年，齐国国君无知在雍林被杀。当时流亡在莒国的公子小白与流亡在鲁国的公子纠，都急于回国争夺君位。公子纠的谋士管仲认为，莒国离齐国都城近，如果小白先到，争夺君位就没希望了。于是管仲带了一支精兵，先赶到莒往齐的必经之路进行拦截。不久，有一队车马奔驰而来，管仲估计是小白来了，忙驾车上前参见，乘小白答礼而无防备的时候照小白射去一箭，小白“哎呀”一声，倒在车上，管仲见大功告成，策马飞驰而去。然而，这一箭只是射在小白的带钩上，小白知道管仲箭法厉害，急中生智，应声而倒。待管仲走后，马上沿小路疾驰，直奔齐都。小白即位后，称为齐桓公，遂命鲍叔牙为统帅，以讨伐公子纠为名向鲁国进发。

鲁庄公在齐国大军压境的情况下，只好按齐国提出的要求，将公子纠杀了，将管仲囚禁引渡齐国。鲍叔牙辅佐小白取得了君位，桓公要任他为国相，鲍叔牙推辞不受，一再推荐管仲。鲍叔牙说：“我有五点不如管仲：对民宽和，使民富裕，不如他；治国严谨，不失国家主权，不如他；团结人民，使百姓心悦诚服，不如他；制定礼仪，使人人都能遵守，不如他；临阵指挥，使将士勇往直前，不如他。”鲍叔牙恳切地指出：“您如要建立霸业，非得到管仲的辅佐不可。”桓公本来要报管仲一箭之仇，但听了鲍叔牙之言，决定起用管仲。桓公亲自到堂阜这个地方，给管仲解开镣铐，命管仲为大夫，主持国家政务。

管仲感激桓公“不杀”之恩，他将自己的才能充分发挥，为齐国强盛做出了贡献。管仲所取得的成就与鲍叔牙知人让贤的容人之心、齐桓公不计前仇的气量是分不开的，尤其是齐桓公不计前嫌，给予管仲完全的信任，这也是管仲最终能够成就霸业的原因。

宽以待人、求同存异是一种做人的智慧，也是做人的一种高尚的思想境界。懂得宽容的人是明智的。因为宽容了别人，别人也会宽容你。选择宽以待人，就是给自己一片新天地。

宽以待人、求同存异，再难相处的人也能被你所感化。

人的气由心生，因此，在与人交往中，若别人未能满足自己的需求或做了对不起自己的事情，切不可怀恨在心。应该牢记：人与人相处的智慧就是求同存异的智慧，不对他人妄加指责，不党同伐异，是避免生气、获得良好人际关系的良方。

遇事冷静，自制力强

心理学上有一个“墨菲效应”，说的是人不求无过，但求改过。“墨菲效应”认为：容易犯错误是人与生俱来的天性，不管科技多么发达，人都不可能避免错误的发生，所以人在做事情之前就应该考虑得尽量周到、全面一些，如果真的发生了错误也并不可怕，不要去指责自己和别人，关键是要总结所犯的错误，不再重蹈覆辙。

富兰克林年轻的时候不仅善辩，而且十分好辩。只要听到身边的人说出不正确的话，做出不正确的事，他就忍不住要给人指出来。如果那个人不服气，他一定会把那个人辩得体无完肤，结果得罪了不少人。

一天，一位长者把他叫到一边，对他说：“你太不应该了。你打击跟你意见不合的人，现在咱们这个‘圈子’已没有人理会你的意见了。大家觉得你不在场时，他们会更快乐。你太骄傲了，没有人能和你平等说话了……所以如果你以后仍固执己见，刚愎自用，你就没有朋友了。”

富兰克林听了那位长者的话后改正了自己。富兰克林明白了，自己太自以为是了，如果不痛改前非，他将遭到朋友的抛弃。他在传记中这样写道：

“我替自己定了一项规则，我不再固执肯定自己的见解。凡有肯定含义的字句，就像‘当然的’‘无疑的’等话，我都改用‘我推断’‘我揣测’或者是‘我想象’等话来替代。当别人肯定地指出我的错误时，我放弃立刻就向对方反驳的意念，而是做婉转的回答。不久我就感觉到，由于我态度改变所获得的益处：我参与任何一场谈话的时候，都感到更融洽、更愉快了；我谦虚地提出自己的见解，大家会快速地接受，很少反对；当人们指出我的错误时，我并不感到懊恼；在我‘对’的时候，我更容易劝阻他们放弃他们的错误意见，接受我的意见。这种做法，起先我尝试时，我心中的‘自我’会很激烈地趋向敌对和反抗，但后来很自然地形成习惯了。在过去五十年中，可能已没有人再听我说出一句武断的话来。由此我想到，可能是由于我培养了尊敬他人的习惯，再往后我每次提出一项建议时，都得到大家热烈的支持。”

英国作家托马斯·富勒说："失足引起的伤痛很快就可以恢复，然而，失言所导致的严重后果，却可能使人终身遗憾。"一个人若想有良好的人际关系，一定要记住：遇事冷静，不要轻易与人针锋相对，或指责别人，要先反省一下自己。

一个人如果懂得自省的为人处世的态度，那么，交友不仅顺利，而且容易融入人际关系中。

纽约的玛霍尼是一个出售煤油专用设备的商人，长岛一位老主顾向他定制了一批货，那批货的制造图样已做好，也送到了买主手中，机件正在制造中，可是一件不幸的事忽然发生了。

原来，那位买主在订好货后，跟他的几个朋友们谈到了这件事，那几个朋友却提出了多种意见和主张，有的说太宽太短，有的说这个那个。那位买主听朋友们这样讲，顿时感到烦躁不安起来，立即打个电话给玛霍尼，说不买那批正在制造中的机件设备了。

玛霍尼先生在讲述当时的情形时说：

"我听后很生气，可我又不能说什么话，因为那不但不恰当，反而对这项业务的进展非常危险。所以我去了一趟长岛。

“我刚进那位主顾的办公室，他马上从座椅上跳了起来，指着我声色俱厉，要跟我打架似的。最后他说：‘我就是不要了怎么着？’我心平气和地告诉他：‘不要没有关系。你是出钱的人，我当然要给你所适用的东西。如果你认为你是对的，能否给我一张图样。由于进行这项工作，我们已花去两千元，但我情愿牺牲两千元，把已经进行中的那些工作取消，重新按你提供的图样开始做。不过我必须把话先说清楚，如果我们按你给的图样制造，再有任何错误的话，那责任在你，我们不再负任何责任。可是，如果你们收了按照我们定的计划所造的货，如果有任何差错，则由我们全部负责。’

“那位主顾听我这样讲，怒火渐渐平息下来，最后他说：‘好吧，照常进行好了，如果有什么不对的话，只好求上帝帮助你了。’

“结果，还是我们做对了，此后他又向我们订了两批货。”

尽管上面故事中的那位老主顾开始表现并不友好，但玛霍尼以自己的自制力，尽量不跟对方争论，最后和平解决了问题。如果当时玛霍尼和那位主顾争论起来，相互指责，说不定事情会越闹越大，还会诉诸法庭，而其结果不只是双方都起了恶感，并且双方都会蒙受经济上的损失，同时玛霍尼还会失去一个极为重要的主顾。明智的玛霍尼有话好好说，该解释的解释，结果双赢。

以牙还牙，针锋相对，只能让问题升级。处理问题冷静，自控力强，会迅速解决纠纷，还会给对方留下好感，这是用金钱都换不来的。

有一个经理，某天他走进办公室时，突然听到一阵奇怪而且很尖锐的声音持续响着。“什么声音，工作时间！”这让他非常愤怒，于是他连手上的包都顾不得放下，就急匆匆挨个去查看各个部门。

他预备要把那个制造噪声的人好好训斥一顿！可是出人意料的是，无论他走到哪儿，都能听到那令人心烦的声音。更奇怪的是，他居然在任何部门都没找到问题的源头。当他焦躁地回到自己办公室，坐在自己的位子上放下手中的包时，突然发现了噪音的源头——手机。由于前一天晚上忘记充电，现在是手机的警报器在不断提醒他充电。

人不可能不犯错误，当一个人犯了错时，先冷静下来，当别人犯了错时，也要冷静面对，不可冒冒失失、焦焦躁躁，否则，只会让负面情绪控制自己，进入“先入为主”的习惯中，影响自己的判断，扰乱自己的思维。这样既不利于判断问题，也不利于解决问题。

化敌为友，心胸宽广

在日常生活中，难免会发生这样的事：亲密无间的朋友，无意或有意地做了伤害自己的事，是与之针锋相对，还是从此分手？是伺机报复，还是终身不原谅？

希腊神话中有一个大英雄叫海格力斯，一天他走在路上看见一个鼓起的特别难看的袋子，就朝上狠狠地踩了一脚，谁知那个袋子不但没有被海格力斯这一脚踩破，反而迅速膨胀起来，并且成倍地越长越大。这激怒了海格力斯，他顺手操起一根大木棒砸向那个袋子。

谁知那个袋子竟然膨胀到把路口也给堵死了。海格力斯无奈，呆呆地看着它，正在纳闷，宙斯飞过来，他对海格力斯说："快别动它了，它叫'仇恨袋'，你不惹它，它就会小如当初；但如果你不善待它，它就会与你敌对到底并且变本加厉。"

“海格力斯效应”就是从这个故事中引申而来。它告诉人们与“仇恨袋”针锋相对，最后只会堵死自己的出路，而与“仇恨袋”为善，也许能使之变小，不影响你。

化敌为友，说说容易，做起来难，它需要胸怀，需要境界。

古人说，赠人玫瑰，手有余香。与人为善，自己快乐，他人快乐。

古时候，魏国边境靠近楚国的地方有一个小县，一个叫宋就的大夫被派往这个小县做县令。

由于两国交界的地方住着两国的村民，村民们互相往来，其乐融融。有一年春天，两国的村民在各自地方种下了瓜种。

不巧这年春天，天气比较干旱，由于缺水，瓜苗长得很慢。魏国的一些村民担心这样旱下去会影响收成，就组织一些人每天晚上到地里挑水浇瓜。

连续浇了几天，魏国村民的瓜地里，瓜苗长势明显好起来，比楚国村民种的瓜苗要高不少。楚国的村民一看到魏国村民种的瓜长得又快又好，非常忌妒，有些人晚间便偷偷潜到魏国村民的瓜地里去踩瓜秧。

魏国村民看到后很生气，也想去踩楚国瓜地。宋县令得到消息后，忙请魏国村民们消气，对他们说：“我看，你们最好不要以眼还眼，以牙还牙，不要去踩他们的瓜地。”

魏国村民们气愤已极，哪里听得进去，纷纷嚷道：“难道我们怕他们不成，为什么让他们如此欺负我们？”

宋县令摇摇头，耐心地说：“如果你们一定要去报复，最多解解心头之恨，可是以后呢？他们也不会善罢甘休，如此下去，双方互搞破坏，谁都不会有好的收获。”

村民们皱紧眉头不解地问：“那我们该怎么办呢？”

宋县令说：“你们每天晚上也去帮他们浇浇地，结果怎样，你们自己就会看到。”

村民们只好按宋县令的意思去做，楚国的村民发现魏国村民不但不记恨自己，反倒天天帮他们浇瓜，惭愧得无地自容。

这件事后来被楚国边境的县令知道了，便将此事上报楚王。楚王原本对魏国虎视眈眈，听了此事，深受触动，于是，主动与魏国和好，并送去很多礼物，对魏国有如此好的官员和国民表示赞赏。

魏王见宋就为两国的友好往来立了功，也下令重赏宋就和他的百姓。

很多人因互相误解而使友谊和感情受伤破裂，导致仇恨的产生。那么遇到这种事怎么办呢？最好的方式是化敌为友，这样能够弥补裂痕，修复情感。

杰克和汤姆曾经是好朋友，有一次他们合伙做卖米的生意。在他们居住的那条街上分布着许多米店，大多数店主把米放在外面，于是他们也和那些店主一样把米堆在商店外面。

可是有一天早上，他们起来后发现自家的米少了许多。杰克记得汤姆半夜起来了好几次，他怀疑是汤姆把米转移到其他地方想独吞，因此心中大为不悦。

而汤姆说自己没有去动那些米，杰克不相信，两人吵了起来。汤姆忍无可忍，动手打了杰克，杰克毫不示弱也狠狠还击，打得汤姆鼻青脸肿。从此他们成为仇人，不再往来。

有一天，杰克要到附近的一个小镇去做生意，一大早推开门发现门口放着一个陶罐，罐里装着几根骨头。按照当地风俗这是不吉利的象征，很晦气。杰克想肯定是汤姆为了诅咒他生意落败故意放在他家门口的，他非常生气地将陶罐扔到自家花园里，就出门了。

结果那天他的生意很不好，不但没有赚到钱反而亏了不少本。回到家中他给院子里的花松土施肥时，无意中看到那个陶罐，想把它砸碎出气，又觉得很可惜，就顺便移了几株快死的花进去。

过了几天他从外边做生意回来，赚了不少钱。他很高兴地侍弄花草时惊喜地发现，陶罐里开满了鲜花。这让他很高兴，没想到用来出气的陶罐竟给他带来了意想不到的欢乐。看着这些鲜花，他开始为自己狭隘的心胸感到脸红，觉得自己当初不应该和汤姆打架，应该有话好好说。他决定主动向汤姆道歉。

在去汤姆家的路上杰克遇到另一个的邻居，邻居问他说，前一段时间自家的小孩夜里在外面玩，把一个准备泡药的陶罐和一副兽骨药给弄丢了，不知杰克看见了没有。

杰克回家找到陶罐和扔在院子里的兽骨，将它们还给了邻居。奇怪的是当他把东西还给邻居时，邻居反而给了他几袋米。原来就在杰克和汤姆把米放在外面的那天夜里，有人要买杰克邻居家的米，黑暗中邻居错把杰克和汤姆的米卖了，等第二天发现时，买主已不知去向。

邻居找杰克时杰克到外地去了，后来他就把这件事给忘了。现今杰克还他陶罐，邻居想起此事，赶忙拿米来。杰克听了，觉得自己真的错怪了汤姆，他连忙带上鲜花到汤姆家真诚地道歉。

后来杰克和汤姆重新成了朋友，感情比以前更好了。

生活中，当人生气时，怨恨时，不妨让生气、怨恨转个弯儿，这样就会消除误解，解决问题，“敌人”也许会变成朋友。人气在自己，不气也在自己，所以，能容人处且容人，因为容人就是容己。

“丢掉”痛苦，“放下”情愁

在我们的生活中，一些曾经爱得死去活来、海誓山盟的情侣，一夜之间反目成仇，相互之间变得冷若冰霜的事情实在是太多太多了。但是，在很多时候大多数人是不能接受这种变化的，总是执着于过去美好的回忆中，一旦深陷痛苦中，便不能自拔。

人不能接受变化，不能接受失去，是痛苦的根源之一。

“刺猬效应”来源于西方一则寓言：在寒冷的冬季，两只刺猬因为寒冷彼此拥抱在了一起，但是由于它们各自的刺而扎得对方很疼，所以都非常不舒服。因此它们只得保持一段距离，可是这样它们又冷得难受。就这样，它们分分合合多次，最后终于找到了它们感觉都满意的合适的距离，既可以相互取暖又不会被彼此的刺所伤。

“刺猬效应”强调的是人际交往中的心理距离。“刺猬效应”让人们知道人与人之间是要互相给对方留下些距离和空间的，即使再亲密的人也要保持距离，不能幻想牢牢把对方完全掌握在自己的手中，让其按自己的愿意行事。

男女双方，都会有感情上的“失去”，要用正确的态度去面对它，要学会“放手”，学会“放下”。不要为一时的失去而郁郁寡欢，痛苦万分。许多人在遭遇失恋、分手时想不开，觉得痛不欲生，大骂负心人的无情无义，这种态度不但于事无补，反而会让自己更加痛苦。

失恋、婚姻失败都是人生中的片段，人要经得起生活的磨砺，能从失恋、婚姻失败的阴影中走出来，接着开始新的生活，倘若沉溺其中，只会让自己痛苦不堪。

他今年31岁了，与女朋友恋爱九年，眼看着快要到预定结婚的日子了，女朋友突然留下一张纸条，与另一个男人走了。了解他的人都知道，他与女朋友的交往经历非常坎坷。

大学毕业后他就在父亲开设的工厂里上班，年纪轻轻就当上了部门经理，管理着一个重要的部门，一个跟随其父多年的老员工负责培养他、指导他。在毕业后的五年里他春风得意，业务开展得很顺利。

这时候，追求他的姑娘很多，但他偏偏看中了从农村来的梅。由于中国传统门当户对思想的影响，开始家里人不同意，他多次与家人沟通，终于得到家里人的支持。后来梅身体不好，医生说三年之内最好不要结婚，为了女朋友的身体健康，他精心照顾并给予物质上精神上的帮助和鼓励。经过三年的治疗，梅的病好了。

然后，他又安排梅到其父开的另一家工厂上班，并派她到外地学习了两年。在九年的交往中，他付出了很多，可以说该做的都做了。

后来，他父亲的工厂受到了很大的冲击，很多业务赔了本，无奈之下其父关闭了自己所有的工厂，他也成为一个失业青年。

就在他处境十分艰难的时候，梅向他提出分手，跟着一个新加坡的老板出国了。工厂关闭，女朋友分手，他的心彻底冷了，他气愤于世态炎凉、人心难测，发现自己是那么的不堪一击。

但他很快从困惑、痛苦中走出来了。他想，女朋友的离去对他来说也并不一定是坏事，至少让他明白了必须努力取得成功才有人爱自己，同时他还明白了不值得爱的人早晚都是留不住的。

不久，他在父亲的一位故交的资助下与父亲一同努力东山再起，并在艰苦创业的过程中在朋友的撮合下与一位从英国留学回国的姑娘确定了恋爱关系，再往后，他结了婚，家庭美满，事业大发展。他不无感慨地说："如果原先的女朋友不离开我，我可能一生也就平平淡淡地过了；她的离去使我有了一种从未有过的危机，所以我想，我必须努力，我必须成功，我也找到了真正爱我的人。"

当爱情出现了问题，无论有气有恨或有嗔怨，都不要评判谁是谁非，失去了不爱自己的人，是好事，这样才会有重新获得真爱的可能。

一个人在顺利的时候，想接近他的人会很多，有的"势利之徒"会"锦上添花"，而此刻，处于顺利之境的人一定要保持清醒的头脑，不能得意忘形；一个人在困难的时候，会发现身边突然冷清了许多，甚至有的"薄情寡义"之人还"落井下石"。而此时处于困境之人一定不要在怨气中再增添自己的痛苦，别为那些离开自己的人伤心、难过、生气，也别为他们弃你而去而不能释怀。要感谢那些在你艰难中离开你的人，是他们让你学会坚强，学会树立自信；是他们让你更快成长，让你更加了解社会，让你明白人间真情的宝贵。对于困难的时候离开自己的人更要懂得“放手，放下”，这样才能清醒地认识自我，有助于摆脱危机。

对伤害过你的人，对无情无义弃你而去的人，无须记恨生气，而应换一种心情看问题，应对他们充满感激，因为这种人磨炼了你的心志，磨砺了你的人格，激励你奋发图强。

不对等的感情投入越多，越容易成为“南柯一梦”，而与其空喜一场，还不如早些失去，早点清醒。人的觉醒有时是在一瞬间，但觉醒了就是好事。

李木与张然是朋友的朋友，他们的相识是一个偶然，当时张然刚刚来到李木所在的城市。那是一个中秋节，张然一个人在陌生的城市觉得很孤单，而李木的室友是张然的好朋友。于是，张然就来到李木她们租住的小屋，去看望朋友。当天他们在一起吃饭，吃过饭之后，就算是认识了。张然是那种特别能说、十分幽默的男人。和他聊了几次后，李木的心里便产生了一种莫名的情愫。每次打开QQ，最关心的便是他的头像是否还亮着，而张然似乎也特别喜欢和李木聊天。他们常常会在QQ上不期而遇，聊各种话题、开各种玩笑。

有时候，李木甚至想，或许他们之间会有一段故事。后来，故事真的发生了，但却和李木的想象大相径庭。

那天，他们聊到了感情问题，李木才知道张然已有一个恋爱三年的女友，而女朋友本来在家乡有很好的工作，但是这次他调到这座城市来，女朋友也很快放弃了家乡的工作，随着他来到了这里，话语间，李木能感觉到张然的愉悦。那一刻，李木的心里酸酸的。随后的几天，她一直躲着张然，不敢再上QQ。张然不知道李木心理的微妙变化，他看李木几天不露脸，就给李木打电话，关心地问李木是不是生病了。被一个自己所爱的男人如此关心，李木伪装的坚强一下子就坍塌了，她安慰自己，即使做不成恋人，做知己也好啊！在这样的自我安慰下，李木和张然“和好如初”。当家里的水龙头坏了，工作上遇到困难了，李木都会想到张然，而张然也从不拒绝，只是有时会让她等一等，因为他和女朋友在一起。每每这个时候，李木就会酸酸地说他“重色轻友”。

李木以为自己能拥有张然这样的“蓝颜知己”，随时感受他那份暖暖的关怀，就算有遗憾，她也知足了。可是，随着接触的增多，李木的占有欲一点点加强，感情就像无法控制的洪水，很快泛滥成灾。她想成为张然的女朋友，可是心里知道张然已经有女朋友了。因为与张然相遇得太晚，而错过了成为他女朋友的机会。李木终究是一个善良的女孩，没有像其他人一样不管不顾地插进对方的感情，而是放下了这份“错爱”，始终以一个朋友的身份出现在张然的生活中。渐渐地，她和张然的女朋友也成了很好的朋友，她发现张然的女朋友是一个值得张然好好珍惜的女孩。

两个月后，张然告诉李木自己要结婚了，李木大哭了一场。可哭过之后，第二天反倒觉得轻松了。看见张然有了美好的婚姻，李木也开始为自己考虑，接受亲戚、朋友们为自己安排的相亲。

说实话，之前李木很反对相亲，觉得这样的相识没有一点浪漫可言，两个完全陌生的男女什么感觉都还没有，就奔着“结婚”的日的去交往，这让人难以接受。可自从通过相亲认识了王悦后，李木的想法改变了。其实形式如何并不重要，重要的是彼此是否都有一颗真心。

王悦是个各方面都不错的男人，家庭条件也不错。最初李木对他并没有什么感觉，在李木推辞了几次后，王悦依然不折不挠，后来李木便答应和他见面，一起吃吃饭、逛逛街。渐渐地，李木发现了王悦身上的许多闪光点，他的话不多，可句句暖人心，而且是一心一意为了李木。李木被王悦感动了，爱情的种子渐渐在心底萌芽。

李木因为放下了张然，而收获了美满的爱情，找到了王悦这样一个对自己好、关心自己、呵护自己的男朋友。

其实，不仅仅是相恋中的男女，婚姻中的夫妻，人与人距离越近，越容易产生矛盾、问题，就是两个合作者闹意见，如果不“放手”，纠缠到底也是会产生问题的，只能越闹越僵。所以“丢掉”痛苦，“放下”情愁，打开心扉，坦诚相见，就会云开雾散，而捐弃前嫌，就会携手共进。

人的一生是短暂的，在人生的大海里航行，会遇到各种风浪。选择真正的朋友并珍惜他，放下弃你而去的人，就能拥有相知、相爱的朋友。

记人之长，忘人之短

生活中，我们可以看到心量大的人，做事成功的概率通常比较高；而心量小的人，时时生气、处处小心眼，做事成功率小。人心量小，解决问题，会用争斗、强权、愤怒等方式；心量大的人，多看别人的长处，原谅别人的过错，理解体谅他人，用宽容心来处理问题，利人又利己。

人心底无私天地宽，心胸狭窄、不懂得宽容，对别人的要求特别高，喜欢用自己的思考模式来规范他人，不会站在他人的立场上考虑问题，心中就会只考虑自己的私利。这样的人由于处处苛求他人，不宽恕他人，当然也就无法解脱自己。这样的人常常抱怨他人伤害了自己，然后变本加厉地又去伤害他人，最终失去朋友、失去了亲人，落得孤家寡人的下场。而那些心底无私的人懂得不计前嫌，宽容别人，他们有着高尚的人格，常常做出感动他人之事，于是会赢得真诚的友谊，使大家都得到真情的温暖。

美国第三任总统杰斐逊与第二任总统亚当斯从竞争对手变为朋友的故事，就是一个生动的故事。

杰斐逊与亚当斯二人都是开国元勋，在各州有各自的支持者，两人都不愿为了拉选票附和投票者的想法。最后，亚当斯以3票领先的微弱优势战胜杰斐逊。按照当时的宪法，杰斐逊担任了亚当斯的副总统，两人开始了矛盾中的合作之路。

在亚当斯的第一任4年任期即将结束时，杰斐逊和亚当斯又一次面临总统竞选。当时，美国和法国之间的战争一触即发，亚当斯知道，只要两国开战，“亲法”的杰斐逊必将丢掉选举。但是亚当斯也知道，战争将可能给成立不久的联邦政府以毁灭性的打击。于是亚当斯竭尽全力避免了一场战争，但是他却放弃了选举。

杰斐逊在就任前夕，想到白宫告诉亚当斯，他希望针锋相对的竞选活动并没有破坏他们之间的友谊。但据说杰斐逊还未来得及开口，亚当斯便生气地咆哮起来：“是你把我赶走的！是你把我赶走的！”

接下来的日子，亚当斯回到麻省，重新开始了农夫生涯。杰斐逊和亚当斯几十年不相往来。直到后来杰斐逊的几个邻居去探访亚当斯，这个坚强的老人仍在诉说那件难堪的事，但接着冲口说出：“我一直都喜欢杰斐逊，现在仍然喜欢他。”

邻居把这话传给了杰斐逊，杰斐逊便请了一个彼此皆熟悉的朋友传话，让亚当斯也知道他的深厚友情。后来，亚当斯回了一封信给他，两人从此开始了书信往来。

亚当斯在农庄渐渐衰老，其间，他的女儿因乳腺癌不幸离世，和他相依 54 年的爱妻也先他而去。亚当斯终于在孤独中再次提笔给杰斐逊写信。两人就此开始了更加频繁的书信往来。1826 年杰斐逊和亚当斯先后辞世。死前，杰斐逊望着放在自己房间里的亚当斯的雕像，而亚当斯则喃喃自语，叫的是杰斐逊的名字。

心底无私的人面对“敌人”会尽弃前嫌，将心比心，他们明白“多个朋友多条路，多个仇人添堵墙”，“冤家宜解不宜结”的智慧。心底无私的人不会那么容易动气，因为无私，他们得以厚报。

服装业巨子施瓦茨就是因为能够容忍别人的无礼，心底无私、招贤纳士才走向成功的。

施瓦茨从业初期，有一次拿着样品经过一家小店，却无缘无故地被店主讥讽嘲笑了一番，说他的衣服只能堆在仓库里，再过几年也卖不出去。施瓦茨并没有反唇相讥，而是诚恳地向对方请教。结果发现那位小店主说得头头是道。施瓦茨大为吃惊，愿意以高薪聘用他，然而小店主不但不领情，又讽刺了施瓦茨一顿。

施瓦茨并没有放弃说服这位小店主到自己公司来的想法。他运用各种方法打听后才知道这位小店主居然是一位极其杰出的服装设计师，只是因为他性情怪僻而与多位上司闹翻，一气之下才发誓不再去设计，改行做商人的。

施瓦茨弄清楚事情的真相后，三番五次地登门拜访，并且诚心请教。但这位设计师仍然是火冒三丈，劈头盖脸地讽刺他。施瓦茨丝毫不在意，常去看望他，经常和他聊天并给予热情的帮助。到最后，这位设计师感到不好意思，终于答应出山，但是条件非常苛刻，其中包括他一旦不满意便要更改设计图案、允许他自由选择上班时间。但施瓦茨都接受了。

这位设计师果然不负施瓦茨的重望，为施瓦茨创造了巨大的效益，后来，他帮助施瓦茨建立起一个庞大的服装帝国。

心底无私能更好地宽容，能更好地与人合作，心底无私体现的是一种修养，它不是懦弱更不是胆怯，而是大度与包容。

良宽禅师住在一个小茅棚里。一天晚上，小偷光顾他的茅庐，结果发现没有一样东西值得去偷。这时良宽从外面回来，碰见了小偷。他平静地对小偷说："你长途跋涉而来，不能空手而归。就把我身上的衣服当作礼物送给你吧。"说完脱下衣服，交给小偷。小偷手足无措，拿了衣服调头跑了。良宽赤裸着上身坐在门前，望着皎洁的明月，心里沉吟道："要是可能的话，我愿意把这美丽的月亮也送给你！"

夜色褪去，天渐渐亮了。禅师走出茅棚，来到石台前，忽然发现昨晚送给小偷的那件衣服，竟然被叠得整整齐齐放在石台上。良宽禅师用自己的慈悲心肠感化了小偷。他送给小偷的，不仅是一件衣服，还有一轮明月。

读罢故事，有人不禁要感叹，这良宽可真糊涂，自己穷得能入小偷之眼的东西都没有，居然还脱下穿在身上的衣服送给他。殊不知，良宽禅师无私之心下包裹的是宽容的内里。生活中，做人需要心底无私。心底无私就会产生浩然正气，能以正压邪，让他人感怀于心，不由自主地被感化，然后回报你微笑和感激。历史上，忍受廉颇傲慢无礼而委曲求全的蔺相如，也是能屈能伸、心底无私的君子典范，正因为将相和，保住了国家的安全。

“君子贤而无私能容黑，知而能容愚，博而能容浅，粹而能容杂”，这是荀子的精辟论说，是说无私的君子之所以能成为贤人，皆因为宽容！

曹操有能容天下事的宽厚，所以会一把火烧了将士的忠信表，无私地饶恕妄图背叛自己的下属；李世民不计前嫌重用旧臣魏征招贤纳谏，终成一代贤君；古来成大事者都具备了“记人之长，忘人之短”的无私美德，为后人树立了榜样，留下了美名。

无私，让人世间多了宽容，少了纷争；多了玉帛，少了干戈；多了原谅、友爱和感动，少了仇恨、冲突和怨气。为了让我们的社会更加美好，为了让我们的人生更加幸福，让我们都来做一个无私的人吧！

不争不吵，屈伸有度

不争不吵，学会退让，是生活的一种大智慧。如果能够掌握这种智慧，那么世上就会减少很多失败的谈判，就会减少许多人为的灾难，就会减少许多纷争、口角，人自身就会减少很多烦恼……不争不吵，屈伸有度，是一种友好相处的智慧，是一种和谐共生的艺术，更是一种走向成功的谋略。

现代社会，很多人为了实现自己所谓的目标，总是铆足干劲、加大人生“战车”的“油门”勇猛前进，然而常常忽视运用退让这种极富弹性的制胜技巧。“退一步海阔天空，忍一时风平浪静”的道理是尽人皆知的，但真正能够运用自如的人恐怕很少。

欧哈瑞是有名的汽车推销员，他生性喜欢与人争论。于是，在工作的时候，遇到一些顾客挑剔他的车子，他总是会涨红着脸、滔滔不绝地与顾客进行辩论。欧哈瑞承认，一段时间以来他的确在口舌上赢了不少顾客，但是这显然对工作没有一点好处，因为经他推销的汽车一辆也没有卖出去。

后来，经过很长时间的考虑，他意识到自己犯的最大错误就是太要面子，以致不允许别人说跟自己有关的东西不好，尤其是说自己推销的汽车不好。意识到这一点之后，他就努力地克制自己，并告诫自己在任何时候都应该避免与他人争吵。因为只有维护了客户的利益，避免和客户发生冲突，才会给自己带来利益。

很快，欧哈瑞成了怀特汽车公司最有名的汽车销售员之一。当别人问起他成功的经验时，他这样说道："如果我向顾客推销我们公司的汽车，但还没有等我介绍完，顾客就说：'怀特汽车？对不起，我更喜欢何赛汽车。这样给你说吧，怀特汽车白送我我都不要。'此时我不会为了自己的面子与他争论，我会告诉他说：'老兄，据我所知，何赛的汽车确实好，买他们的车绝对错不了。'如此一来，客户就不会再同我进行争论了，而且在以后的交谈中，我们的话题就会不自觉地转到怀特汽车上了。"

正是因为欧哈瑞不与客户争论了，让客户受到尊重，才赢得了客户的信赖。现实生活有时候就是如此，有些东西可能你越争越得不到，而且还会因此而失去；反之，如果你退一步，不去争抢，把优势让给别人，反而更能使对方向自己靠拢。

生活中，能屈能伸的人才称得上是智者。一个人如果只伸不屈，遇到一点小事、承受一点“侮辱”就不顾后果，“迎难”而上，反而更容易遭受挫折。与之相反，一个人如果太过于柔弱，遇到事情优柔寡断，也很容易错失良机，这样的人也难成大事。因此，做事做人的大智慧就是当刚则刚，当柔则柔，能屈能伸，屈伸有度，在“进”的同时，会退会让，这样能使自己前进的脚步走得更快。

一天，年少之时的张良到沂水桥上散步，偶然遇到一个老翁。当张良走到老翁的身边时，没有想到的是，老翁竟然故意把自己的一只鞋子扔到桥下，然后傲慢地对张良说：“小子，赶快下去把鞋子给我捡过来。”

此时，张良对这种极为屈辱性的行动并没有挥拳相向，而是强忍心中的不满，违心地替他取了上来。随后，老人又跷起脚来，让张良给他穿上。此时的张良真想摔鞋而走，但是想到他身为老者，行动有诸多不便，就膝跪于前，小心翼翼地帮他穿好了鞋子。更让他没有想到的是，老人最后非但不言谢，反而仰面长笑而去。不过老人在走出几百米之后又返回桥上，对张良赞叹道："孺子可教矣。"并约张良5天后在此地相聚。

5天后，鸡鸣时分，张良急匆匆地赶到桥上。没有想到老人故意提前来到桥上，见张良来到，愤愤地斥责道："与老人约，为何误时？5日后再来！"说罢离去。结果第2次张良再次晚老人一步。第3次，张良索性半夜就到桥上等候。他经受住了考验，其至诚和隐忍精神感动了老人，于是老人送给他一本书，说："读此书则可为王者师，10年后天下大乱，你可用此书兴邦立国；15年后再来见我。"说罢，扬长而去。这位老人就是传说中的神秘人物：隐身岩穴的高士黄石公，也称"圯上老人"。

张良惊喜异常，天亮时分，捧书一看，乃《太公兵法》。从此，张良日夜研习兵书，俯仰天下大事，终于成为一个深明韬略、文武兼备、足智多谋的"智囊"。

试想：如果当时张良把老人让他拾鞋一举当作一种屈辱而不肯咽下这口气，也许就不会有后来的故事发生，但正是因为他承受了这一“屈辱”，懂得退让，反而得到了意想不到的收获。生活中，当人陷入困境之时，退让一步是经常的事，因为能屈能伸才是生存的大智慧。

一个边远山区，有两户人家的空地上长着一棵枝繁叶茂的银杏树。秋天的时候，银杏果成熟了就会落在地上。但人们并不敢吃它，因为人们都认为银杏果有毒。

这棵树不知道是属于两户人家中的哪户，这样的日子过了许多年。

有一年，其中一户人家的主人去了一趟城里，才知道银杏果可以卖钱。于是，他摘了一袋背到城里，换回一大叠钱。银杏果可以换钱的消息不胫而走。于是，另一户人家的主人上门要求两家均分那些钱。但是，他的要求被拒绝了。情急之下，这户人家翻箱倒柜找出土地证，结果发现这棵银杏树本是划在他家的界线内。于是，他再次要求对方交出银杏果的钱，因为这棵银杏树是他家的。对方当然不承认，于是也开始寻找证据，结果从一位老人处得知，这棵银杏树是他曾祖父当年种下的。两家争执不下，谁也不肯让步，最终反目成仇。村里人也不能判断这棵树究竟应该属于谁家：一个有土地证，白纸黑字，合理合法；一个有证人证言，前人栽树后人乘凉，理所当然。

两家人起诉到公堂。公堂也为难，建议堂外调解。两人都不同意，他们认为这棵银杏树本应属于自家，凭什么要和别人共享呢？案子拖了下来，就这样延续了10年。10年后，一条土路穿村而过，两户人家拆迁，银杏树也被砍倒了，这场历时10年的纠纷才画上了句号。奇怪的是，当时两户人家谁也不要那棵树，因为树干是空的，只能当柴烧。

故事中的两家人为了一棵树，竟然斗了10年！其实如果懂得退让的智慧，把用来争执的时间、精力，去种一片银杏林，10年后大家都可以享受银杏林带来的益处，邻里间的感情也会越来越好。

所以，遇事屈伸有度，能够忍受他人的暴躁，或者在两难时退一步冷静地站在对方的角度想一想，自然会采取息事宁人、宽容大度的方式来化解矛盾，而不是针锋相对。针锋相对的结果只能是两败俱伤。人以一种暂且退让又何妨、豁达大度的眼光去看世界，就会觉得绿水青山，碧云蓝天，无一不是令人赏心悦目的；就会觉得生活像一首诗，像一首歌，无比轻快、欢畅和美好。

避其锋芒，是智是勇

为人处世能够避人锋芒，遇事争执不下时能主动退让，是智是勇。

大清康熙年间，张英为相。一日，家人因宅基地与邻居起纠纷，随修家书一封给张英，意在让张英打招呼“摆平”。张英观家书毕，提笔回复一首诗：“千里修书只为墙，让他三尺又何妨。万里长城今犹在，不见当年秦始皇。”家人领会其意，让出三尺之地。

邻居知道后深受感动，也让出三尺之地。于是在当地留下了“六尺巷”的美名。这个“六尺巷”就在今天的安徽桐城。张英谦让的德行，流传至今。

邻里争地算是常见之事，解决的办法也很多，可唯有这“让他三尺又何妨”的高风亮节为人称颂，德泽后人。

避其锋芒的内涵十分丰富：在矛盾面前主动后退一步，可避免激化矛盾、扩大事态；在遇到问题时先从自己这儿开始化解，显示诚意和宽容，可有效解决问题；在利益面前让一让，跳出争夺的旋涡，其实不会损失什么，自己还可得到“厚报”；在感情上放手，可避免情海欲波的陷溺纠缠，能使自己不气恨、不愤然……人在问题前，避其锋芒解决问题，会是另一种景象、另一番天地。因为争来斗去，一味地执着纠缠，最后只能落个两败俱伤的结果。

避其锋芒是一种修养。避让本是一种勇气，也是一种境界，许多时候是在为自己、为别人赢得更大的空间。比如，面对不高兴的事如果选择退让，转换思路后就不会斤斤计较；在面对不适合自己走的道路时，重新选择，就可避免走“弯路”；而面对成功也要学会退让，以免让骄傲腐蚀自己的心灵……人只有避其锋芒，才不会让矛盾问题激化。

人生在世利与害权，福与祸衡，喜与怒称，小至一身，大至天下国家，都离不开避让。许多事业上非常成功的人亦将“避让”奉为修身立本的真经，他们以让和退作为人生的一种大智慧修身养性，这既是他们安身立命的法宝，也是他们成就大业的利器。因此说避锋芒是智者的大度，强者的涵养。

避锋芒并不意味着怯懦，也不意味着无能，它是建立良好的人际关系的法宝，往往能换来以退为进的效果。

有一位年轻的登山运动员，一次他有幸参加了攀登珠穆朗玛峰的活动，到了海拔6000米的高度时，由于体力不支，停了下来，最后决定返回营地。当他后来给别人讲起这段经历时，人们很替他惋惜：“为什么不再坚持一下呢？为什么不咬紧牙关爬到峰顶呢？”

他回答道：“不，你们为我感到遗憾，但我反而感觉很正确，因为我清楚，6000米的海拔高度是我登山生涯的最高点，我再勉强努力也登不了顶，还有可能送了命，因此，我一点也不为此感到遗憾。”

无疑，这位年轻的登山运动员是明智的，他充分了解自己的能力，他不为自己没有爬到峰顶而自责生气，而是认为现在的高度已经刷新了他登山最高点的纪录，可见他的智慧。

普天之下，再没有什么东西比水更柔弱了，然而，真正攻坚克强的再没有什么东西可以胜过水。水看似柔弱，却能穿山打洞，由此可见，弱可以胜过强，柔可以胜过刚。中国的太极拳也讲究

“以柔克刚，以静制动，以弱制强”，是指“绵”能把敌人攻击的“力道”化解了，所谓的“四两拨千斤”就是这个意思。

齐景公蓄养着三名勇士，他们名叫田开疆、公孙接和古冶子。这三名勇士都力大无比，武功超群，为齐景公立下过不少功劳。但他们也养成了刚愎自用，目中无人的坏习惯。他们的行为甚至影响了国家的安定。

为此，晏子对景公说：“贤能的君王蓄养的勇士，对内可以平定暴乱，对外可以震慑敌军，君主称赞他们的功劳，大臣百姓佩服他们的勇气，所以使他们有尊贵的地位，优厚的奉禄。可是现在您所蓄养的三位勇士，对上没有君臣之礼，对下不讲究长幼之序，对内不能平定暴乱，对外不能震慑敌军，他们是祸国殃民的人，不如赶快除掉他们。”

景公说：“这三个人力大无穷、武艺高强，硬拼恐怕不行，暗中刺杀恐怕也行不通。”

晏子说：“这三人虽然力大好斗，不惧强敌，但不讲究长幼之礼。”说着便给景公出了个主意：请景公赏赐他们三人两个桃子，并告诉他们按功劳大小去分吃。

三兄弟接了景公的赏赐后，公孙接说：“我第一次打败了野猪，第二次打败了母老虎。我的功劳最大，可以单吃一个桃子，而不用和别人共吃一个。”于是，他拿起了一个桃子。田开疆说：“我接连两次击退敌军，像我这样的功劳，也可以自己单吃一个桃子，用不着与别人共吃一个。”于是，他也拿了一个桃子。古冶子说：“我跟随国君横渡黄河时，大鳖咬住车左边的马，拖到了河的中央，那时，我潜到水里，顶住逆流，潜行百步，又顺着水流，潜行了九里，才杀死了那大鳖。我左手握着马尾，右手提着鳖头，像仙鹤一样跃出水面，惊得渡口上的人说：‘河神出来了。’仔细一看，原来是鳖的头。像我这样的功劳，也可以自己单独吃一个桃子，而不用与别人共吃一个！你们两个人快把桃子拿出来！”说完便抽出宝剑，站了起来。公孙接、田开疆说：“我们的勇敢比不上你，功劳也不及你，还拿桃子不谦让，太贪婪了。如果还活着不死，那还有什么勇敢可言？”于是，他们两个人都交出了桃子，然后就抹脖子自杀了。看到两个兄弟死了，古冶子说：“他们两个都死了，唯独我自己活着，这是不仁；用话语去羞耻别人，吹捧自己，这是不义；悔恨自己的言行，却又不敢去死，这是无勇。”他感到很羞惭，于是放下桃子，也抹脖子自杀了。

论武力，晏子绝不是他们三人的对手，但晏子选择了他们的弱点，只用两个桃子就把他们三人都处死了。从这个故事来看，有些问题不是以强对强就能解决的，但如果有智慧，温和中也能有效解决问题。

其实，避锋芒也是有策略的，如同退与进是相辅相成、圆容互补的，比如阴与阳、刚与柔、动与静、上与下、成与败等。人避锋芒，首先要做一个理智清醒的人，该进则进，该避锋芒就避锋芒，不做仇恨在胸的人，不做得理不饶人的人，更不做两败俱伤、鱼死网破的人。避就是离开，让就是后退，人躲开是非地，避开矛盾中心，自由幸福尽在不言中。

第六章

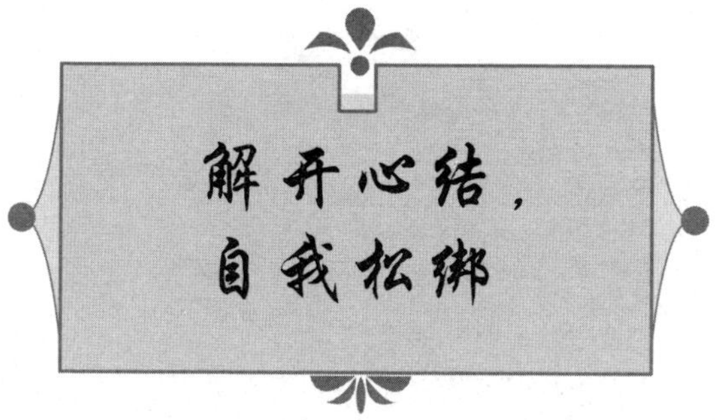

打开心窗，排解烦恼

有些人常为了一点小事与他人闹得不可开交，过后还一直沉浸在气愤中难以自拔，虽然他们为此也会很痛苦，但还是执拗地与别人势不两立地争斗着。

在与人交往时，不要处处事事只想到自己，将你的心窗打开，这样才能把心中的不快化解。

一个人能否排解自己心中的不快，与心胸开阔还是狭隘有很大关系。如果将你的心窗开大些，你就不会再为小事计较，怨气自然会少，快乐自然会多。

将心窗开大要求人们不把事情看得太严重，不要过于以自我为中心，不要将工作、赚钱的行为视作生活的全部，不钻牛角尖，这样，心中的不快就会散去，胸中就不会有气生、有块垒。

有个男子赚了一大笔钱，于是他买了一栋三层楼的小别墅，欢天喜地地开始了新的生活。

但是麻烦马上就出现了：夏天的酷热让人难以忍受。于是他请来建筑专家，希望能解决这个问题。

第一个专家看了后，建议他安装高性能的空调。但这个方法可行性不高，因为房子的面积很大，房间又多，需要安装的空调必然很多，用起来电费实在太高了，不划算。

第二个专家建议他将所有的窗户都贴上隔热纸。男子接受了这个专家的建议，但实施后，效果并不显著。

第三个专家勘察一番后告诉他："只要把房子交给我一天，我就可以解决你的困扰，而且费用不高。"

男子半信半疑，但仍然答应了。傍晚，男子打开家门，原以为会和往常一般闷热，哪知道房间却凉快了许多，静下心来，还能感觉徐徐微风吹拂在脸上。

男子好奇地询问专家："您究竟做了什么？怎么会有这么大的改变？"

专家说："其实很简单，我只是在屋子的最高处和最低点，各加装一扇窗户，让空气对流罢了。"

男子非常惊讶："这么简单？"

"就是这么简单！"专家微笑地说，"排解热气最好的方法，就是让它们找到出口！”

是的，有时候人的心就像一间封闭的房间，里面装满了种种气，所生的闲气、郁闷之气、争强好胜之气、悲伤之气、伤痛之气、实现不了愿望的痛苦之气等等。这些气互相挤在一起，在没有“窗户”的心房中，互相碰撞，找不到出口，让人心情烦躁，即使安装了“空调”，即使贴上“隔热纸”，都是治标不治本，因为这些负面情绪仍藏在“房间”中，经久不散。其实要想排出，有一个最简单也是最有效的方法：在心房中多开几扇“窗”就可以了。

《幽窗小记》中有这样一副对联：“宠辱不惊，看庭前花开花落；去留无意，望天空云卷云舒”。这副对联，寥寥数语，却深刻道出了豁达之人对事对物、对名对利超然脱俗的态度：得之不喜、失之不忧、宠辱不惊、去留无意。这样的人一定是心中“无气”的人。

有一个天生乐观的人，从不信神，他认为开不开心与神无关，与自己的心态有关。他死后，神把他关在一间很热的房子里，七天后，神去看望这位乐观的人，发现他仍然非常开心。神便问他：“身处如此闷热的房间七天，难道你一点也不难受？”乐观的人说：“不难受，在这间房子里，我想起在公园里晒太阳的好日子，于是便开心啦！”

神不甘心，又把这位快乐的人关在一间寒冷的房间里。七天过去了，神来看这位快乐的人，他依然很开心，神便问他：“这次你为什么还开心呢？”这位快乐的人回答说：“这寒冷的房间，让我联想到圣诞节，圣诞节能收到很多圣诞礼物，不开心吗？”

神不甘心，又把他关在一间阴暗、潮湿的房间里。七天过去了，神见这位快乐的人仍然很高兴，神有点困惑不解，便说：“如果这次你能说出一个让我信服的理由，我便不再为难你。”

这位快乐的人说：“我是一个足球迷，但我喜欢的足球队很少有机会赢。可有一次他们赢了，当时就是这样的天气。所以每当遇到这样的天气，我都会高兴，因为这会让我联想起我喜欢的足球队赢了。”

神无话可说，放这位快乐的人自由了。

世间之事每时每刻都在发生着变化，烦恼本身就是一种情绪而已，说它有，它便困扰着你；说它无，它便远离你。一切都取决于人自身的心态，以及看问题的角度。现实中，人所能做到的就是放宽心胸，打开心窗呼吸新鲜的空气，排出各种负面的气，不以物喜，不以己悲，这样生活才能轻松快乐。

仁爱之心，无敌天下

有这样一则寓言：

北风和南风比威力，看谁能把行人身上的大衣脱下来。北风凛冽刺骨，结果行人为了抵御寒冷把大衣越裹越紧。南风则徐徐吹来，顿时风和日丽，行人觉得热而脱下了大衣，南风获得了胜利。这就是心理学上的南风法则。它告诉我们温暖是有力量的，所以，仁爱之心，可化解一切矛盾和问题。

事实证明，强硬和强力并不能征服人，强权和武力也不能征服一个民族，只有仁爱如和煦的阳光一样才能让人温暖如春。

人类是个相互依赖的群体，人在社会中生活，谁都离不开谁。强势的人就像是北风，虽然声势很大，可不但不能让别人佩服，反而会让人感到寒冷彻骨，这样自然而然他的身边就没有朋友。而大公无私的人就像是南风，他们时常给予别人徐徐暖意，让人快乐，同时他们自己也会快乐；而且当他们有朝一日陷入困境时，也会得到他人充满爱心的关怀和帮助。因此，能用爱心理解人、包容人而不苛责挑剔别人的人才会自己不生气，他人也不生气。

良好的人际关系对一个人在社会中顺利成长、有所成就是至关重要的。但在现实生活中，却不是每个人都能用爱心去理解人、包容人。

世上没有十全十美的人，每个人都有或多或少的缺点，但也没有一无是处的人。与人相处时，一定要包容对方的缺点和过失，欣赏别人的优点和长处，这样才能获得和谐的人际关系，也才更有利于双方的事业发展。

爱心可以化解怨气、失望和愤怒，仁心可以消除隔阂，战胜凶恶，赢得人心。生活中的每一个人，都应有关心、爱护和帮助别人的意识，因为在生活与工作中，谁都难免会遇到困难和挫折，在此情况下，更需要爱心和仁心。“以心换心”会使每个人活得更轻松、更快乐，会让世界更加温暖。

一个成绩不错的学生在期中考试时语文、数学、英语三门课都不及格。教数学的刘老师看到后非常着急，特地把学生叫到办公室，耐心地询问他生活、学习中是否遇到什么问题。这个学生虽没有向老师说明原因，可在以后的学习中却迅速地赶了上来，重新成为班上的尖子，并在高考时考入一所大学的数学系。他在给刘老师的信中写道："当初，由于父母不和，我在家里体会不到温暖，便因此失去对生活的信心。那次考试我是故意的，我就是想看看人世间到底还有没有人关心我。可是，语文老师对此无动于衷，英语老师只是用一种异样的语调读完我的分数又轻蔑地看了我一眼。只有您对我嘘寒问暖，关怀备至，让我体会到一种父亲般的关爱。真的，在以后的日子里，我会始终把您当作父亲看待，并立志成为像您这样的老师。"

这封信使刘老师很意外，他万万没想到自己的"无意之举"背后竟有如此"惊心动魄"的故事。在以后的工作中，刘老师更加注意关心、爱护学生。这就是仁心、爱心的无敌力量。

师徒二人在外化缘，走着走着，快到一条小溪时，老和尚忽然停下了，并示意小和尚不要出声——原来，他看到两只小麻雀正在溪水中嬉戏玩耍。不知过了多久，两只浑然未觉的小麻雀玩耍够了，才叽叽喳喳地飞走了。小和尚满腹抱怨："为了两只小麻雀，居然耽误了这么长时间，有必要吗！”

老和尚意味深长地说：“世间的生物不分大小，都有它们各自的生活和享乐，我们出家人要以慈悲为怀，感恩世界，爱惜众生。小麻雀们在沐浴之时，心中肯定圣洁快乐，它们借这清幽明澈的溪水洗尽它们飞翔奔波的疲劳，这是多么动人的时刻、多么幸福的情景啊！我们怎么能打扰它们呢？”

世间万物都是需要爱护的，老和尚有着一颗爱心和仁心，对小小的麻雀呵护备至。然而，现实中，更多人却像小和尚一样，觉得世界应该以自我为中心，对别人的关爱和付出会让自己有所损失，其实这是他们只重视自己的私心杂念所致。人在自私的同时，无法感受到充盈在世间的快乐和温情，更无法体味到心灵的愉悦与放松。

有爱心有仁心的人更乐于助人，不求回报。反之，没有爱心、没有仁心的人不仅不愿帮助别人，甚至为了自己的利益去损人，这种人总觉得别人亏待自己，这是因为他们自私狭隘，所以，他们得不到幸福的人生。

一滴水可以折射出太阳的光辉，一件小事可以看出一个人素质的高低。仁爱的人是平和而感恩的人，他们会比处处苛责的人更能体会到人生的快乐。“仁”是快乐之源，也是温暖自己、照亮别人的阳光。爱，是幸福之源，爱自己、爱别人、爱世界，生活才会更有动力和希望。

心怀感恩，怨气自息

面对同一棵树，有人感谢它以绿叶为我们遮阳，有人看到的却是落叶掉地后要造成清扫的麻烦；面对阳光，有人感谢它给予人们温暖，有人却在晴空下无视太阳的笑脸。原因何在？这就是是否以感恩之心看待生活的区别。

人没有感恩之心，怨气就会肆无忌惮地蔓延；没有感恩之心，生命中就会没有激情，生命就是苍白无力的；没有感恩之心，生活中就没有感动，生活就是冰冷生硬的。人缺乏感恩的情怀，就会抱怨生活艰难，自己碌碌无为，没有大富大贵；人缺乏感恩之心，就会抱怨自己时运不佳，工作不好，生活压力太大，最辛苦的人是自己。

人应该以“感恩”的态度去面对生活中的一切。对生活怀有感恩之心的人，即使遇上再大的灾难，也能依然乐观地笑对风雨；即使在人际交往中受了天大的委屈，也能宽以待人，豁达大度。懂得感恩的人自会感谢生活给予自己的一切，也会站在他人的立场上全面看问题。感恩的人不但不会抱怨别人对自己不好，同时会体谅他人的难处。

两个行走在沙漠中的旅人，已经行走了多日，在他们口渴难忍的时候，遇到一队商人，给了他们一碗水，两个人一人一半。面对同样的半碗水，一个旅人抱怨水太少，不足以消解他身体的饥渴，气愤之下竟将半碗水泼掉了；另一个旅人也知道这半碗水不能完全解除身体的饥渴，但他却有一种发自心底的感恩之情，他怀着感恩之心喝下了这半碗水。结果，前者因为拒绝这半碗水死在沙漠之中，后者因为喝了这半碗水，走出了沙漠。

这个故事告诉人们，对生活怀有一颗感恩之心，即使遇上再大的困难，也能看到光明的希望并且找契机熬过困境，不会再做出冲动的傻事；而那些没有感恩之心的人，即使遇上了机会，也会让不良的心态把福变成灾。

有人说，生活好比一面镜子，你笑的时候它也笑，你哭的时候它也哭。人也是一样，越抱怨越觉得人生悲惨，再抱怨，也许就觉得永远暗无天日了；而懂得感恩的人，脸上永远会流露出美丽的微笑，即使遇上苦日子、难日子，也会以乐观之心面对。

西方每年都有感恩节，人们在那天感谢上帝创造了人类，感恩父母给予了自己生命，感恩别人对自己的帮助。之所以设立感恩节，目的是提醒人们要有感恩之心。人因为感恩，会珍惜生命，珍惜生活。因为懂得感恩，才能分散不良情绪，获得好的心情，好运气也会接踵而来。

奥格·曼狄诺指出：“懂得感恩是一种有爱心的表现。在生活中的每一刻，我们都要尽量去感恩。”

1860 年的一个暴风雨的夜晚，埃尔金圣母号轮船和一艘运木头的货船相撞，沉没了。船上的 393 名乘客落入了密歇根湖。这些人中，有 279 人被淹死了。爱德华·斯宾塞是一名大学生，他一次又一次地跳进水中，营救落水乘客。当他从水中救出第 17 个人时，精疲力竭地摔倒了，从此再也没有能站起来。在后半生里，他只能靠轮椅生活了。据芝加哥的一家报纸报道，几年后，有人问他对于那个重大的夜晚，他感触最深的是什么时，他说：“我感触最深的，就是那 17 个人从来没有向我表示过感谢！”

是的，对于大多数人来说，感激之情似乎很容易被忽视，很多人认为帮助是不需要感谢的，这是一种自私的想法，他人付出的努力其实是非常不容易的，他人的帮助不是义务，而是一种慷慨的给予，所以，对于他人帮助要有感恩意识。

普拉格在《快乐是严肃的题目》一书中陈述了这样一个观点，做父母的，应该从小教导孩子感恩，这样等孩子长大后才能感恩生活；普拉格还说爱人之间也要懂得感恩，学会从心里对对方说“谢谢”，因为这是夫妻幸福之道的根本。

在这个世界上，有一颗感恩之心是战胜一切困难的法宝。爱人之间拥有感恩之心，会使彼此充满理解和信任；合作者之间有感恩之心，会合作愉快。感恩，是推动世界发展的力量。

心灵枷锁，务必去除

心灵本是清净的地方，但它也容易成为种种烦恼和欲望的滋生地。心灵一旦戴上枷锁，各种负面情绪就会主导人，使人情绪不能平和，好不容易情绪平复了，却在心里仍留着疙瘩，郁郁难解；或者东猜疑，西猜疑，心中平衡来，平衡去，心难安。

心理学上有个著名的鸟笼效应，其发明者是美国著名的心理学家詹姆斯。一天，詹姆斯和好友打赌，詹姆斯说：“我一定会让你在不久养上一只鸟。”他的好友不信，因为他从来没想过养鸟。没过几天，恰逢这位朋友的生日，詹姆斯送来了一只精致的鸟笼。他的好友笑着说：“我只会把它当作一件精致的工艺品挂着的，养鸟是不可能的。”但从此之后，只要有客人来访，客人都会望着空空的鸟笼，无一例外地问：“你养的鸟什么时候死了？”詹姆斯的朋友一遍遍地向客人解释他从来就没有养过鸟，鸟笼是朋友送的，然而每次都换来客人怀疑的眼光。后来这个朋友真的买了一只鸟养在了鸟笼里，鸟笼效应应验了。

鸟笼效应告诉人们，要想心灵干净，诱惑和欲望就不要往心里塞。人要学会明智地取舍，并学会放弃，才能挣脱“鸟笼”的束缚，拥有自己的生活。

一位老师在给幼儿园的小朋友上课时，在黑板上画了一个圈，问：“小朋友们，你们想象一下，这个圈可能是什么？”老师的提问刚刚结束，小朋友们就争先恐后地发言，结果在两分钟内小朋友们说出了22个不同的答案。有的说这是苹果，有的说这是月亮，有的说这是一个烧饼，有的说这是鸡蛋，有一个小朋友说这是老师的大眼睛。

这位老师拿着同样的问题来到大学课堂，要课堂上的大学生们想象一下黑板上的圈可能是什么。结果两分钟过去了，没有一个同学发言。老师没有办法，只好点名请班长带头发言，班长却慢吞吞地站起来，迟疑地说：“这，大概是个零吧！”

这个故事是不是让你感到很意外？这样一个简单的问题，为什么幼儿园的小朋友能说出那么多有创意的答案来，而经过了小学、初中、高中，一路过关斩将的大学生们面对同样的问题，却答不出来？究其原因，就是小朋友不受心灵的束缚，思想积极自由，而大学生的顾虑太多：有的人认为这么幼稚的问题，自己如果答不对一定会被笑话；有的人觉得事情有蹊跷，老师怎么会问这么简单的问题，答案一定很难。总之，大学生的心灵已经被戴上了枷锁，无法从容单纯地来看待这个问题，结果简单的问题被弄得复杂化了。但这还不是最严重的，看看下面这个故事，你就会明白心灵枷锁对人心灵的伤害：

一个小孩看完了精彩的马戏团表演后，跟在父亲身后去喂养表演完的动物。小孩看见一头大象，不解地问："爸爸，大象有那么大的力气，而它的脚上只系着一条小小的铁链，难道它无法挣开那一条铁链逃走吗？"

父亲微笑着耐心地说道："是的，大象挣不开那条细细的铁链，因为在大象还小的时候，驯兽师就用那条细细的铁链系住了大象，那时候大象也想挣脱这条小小的铁链，可是挣扎了几次都没能挣脱，于是，它就放弃了这个念头，觉得自己根本无法逃脱，也就不再挣扎了。以后，尽管它长大了，尽管它已经有了足够的力气挣脱铁链，但是它的心已经被锁了起来，它不愿意再尝试了。那条铁链不只拴住了它的腿，更拴住了它的心。”

看看，如果心灵被束缚，哪怕是被一条看不见的“铁链”束缚着，要想挣脱必须有打破旧有习惯的勇气。当有些人的心灵被束缚，独特的创意就会被自己抹杀，认为自己无缘于成功或发家致富；当有些人心灵被束缚，会为自己难以成为配偶心中理想的另一半而感到自卑；还有些人因为心灵被束缚，会觉得自己不是父母心目中有出息的孩子而自甘堕落……心灵的枷锁阻碍了人们前进的道路，使人们向枷锁低头，甚至于认命服输、一蹶不振或者怨天尤人、自怨自艾。

挣脱心灵枷锁的束缚吧，不要被一些陈规旧俗牵绊，走自己的路，让别人去说吧。人只有挣开消极习惯的束缚，发挥自我的内在潜力，才有能力改变自己所处的环境，才能用力挣脱繁规缛节对心灵的羁绊，让心灵突破樊篱，重获自由。所以，给心灵自由飞翔的机会吧！让它重新做一只可以腾空而起的小鸟，这样就算再平凡的生活、工作，人也能从中找到超乎寻常的快乐。

生命宝贵，如何让心灵自由自在地跳舞，让生命充盈着最大程度的幸福呢？只有摆脱禁锢心灵的枷锁，放下心头的负累，心灵才能灵动和自由。

解开心结，自我松绑

很多人的心中都有心结，有首歌就叫作《心有千千结》。那么如何解开心结给自己的心灵松松绑呢？这其中可有学问了。

心理学上有一个“路径依赖效应”，是指事物在发展的过程中，其变化主要依赖于前因，而现实的影响很难发生效力。比如两地之间有一条弯曲的公路连接，如果人一开始就走到了公路上，那么一般很难再离开公路另辟蹊径。反之，如果一开始就另外寻找更近的小道，也许反而会比走弯曲的公路更好。“路径依赖效应”反映在人的心理上，就是心被打了结，心结束缚了自己的心灵。

心灵的自我捆绑一方面与人的心理惰性有关，另一方面是由于自己不能解开心结的心理惯性，这有点类似于物理学的惯性，即一旦进入了某一路径，就可能对这种路径产生严重的依赖而导致不能自我松绑。

捆绑住心灵的人会在功名利禄中执迷不悟地苦苦追求，比如有的人一心想当官，以为巴结上司就可当上官；有的人一心想发财，于是只要能挣钱就不择手段；有的人一心想名利兼收，于是放弃自己的道德底线。人的心只有一点地方，想得太多，塞得太满，“结”就成了“死扣”。所以，解开心结，自我松绑，保持心理平衡，就可让心轻松，人不累，欲望少，幸福多。

中国历史上，许多厚德之人无不在忍让宽容中解开仇恨的心结，不计较别人伤害过自己的经历，他们善于遗忘别人的不好，这彰显了他们伟大的人格，而且也感化了对方。《寓圃杂记》中就记述了杨翥容邻的故事。

杨翥的邻居丢了一只鸡，便指桑骂槐说是被杨家偷去了并要他们赔。家人气愤不过，把此事告诉了杨翥，想请他去找邻居理论。可杨翥却说：“他们生活不如我们好，鸡虽然不是我们拿的，但送给他们一只鸡对我们来说也不会有什么损失，清者自清，日后他们自己会明白！”后来这个邻居找到了他的鸡，十分感动，前来谢罪，杨翥不但没有责怪，反而安慰了他。

还有一邻居，每当下雨时，便把自己家院子中的积水放到杨翥家去，使杨翥家如同发水一般，遭受水灾之苦。家人告诉杨翥，他却劝家人道：“总是下雨的时候少，晴天的时候多。”

久而久之，邻居们被杨翥的宽容忍让所感动，纷纷到他家请罪。

有一年，一伙贼人密谋欲抢杨翥家的财产，邻居们得知此事后，主动组织起来帮杨家守夜防贼，使杨家免去了这场灾难。

生命如同一朵花，花开总有花落时。受到冷落、遭到嘲讽、受了委屈时，要给心灵松绑；遇到不平、碰到挫折、有了灾祸、生了疾病、丢了钱财时，更要给心灵松松绑，人随时随地给心灵松绑，会让自己活得轻松洒脱。

每个人生活在社会中，不是孤立的，虽说都有自私的心结，但不能苦苦执着于只想得到而不愿意付出，心结要尽可能少，心灵要尽可能干净，这样做事做人都不累。

有一个农民，听说某地培育出一种新的玉米，收成很好，于是千方百计买来一些种子。他的邻居们听说这个消息后，纷纷找到他，向他询问种子的有关情况及出售种子的地方。这位农民心里非常纠结，心想自己花了大价钱辗转买来的种子，凭什么让其他人白占便宜呢？而且他也害怕大家都种这样的种子而使自己失去竞争的优势，便拒绝了他的邻居们。

邻居们只好继续种原来的种子。谁知，收获的时候，这个农民家的玉米并没有取得丰收，跟邻居家的玉米相比，也强不到哪里去。他非常郁闷，为了寻找原因，这个农民去请教一位农业专家。农业专家告诉他，他的优种玉米接受了邻人田中劣种玉米的花粉，他这时才恍然大悟，原来自私的心结害的不是别人，而是自己啊！

生活中，我们都需要他人的帮助和理解，同时，我们也要学会给予、付出，人千万不能有怕吃亏或者计较的心结，那无异于束缚自己。

每个人都有自己的思维模式，这种模式在很大程度上决定了他的人生轨迹。因此，打开心结，自我松绑，才能轻松地走好人生中的每一步，身心放松地投入生活中和工作中。

装上“窗户”，擦亮“镜子”

一个人面对外面的世界时，需要的是“窗户”，因为透过“窗户”才能看见外面的世界；一个人面对自我时，需要的是“镜子”，这样能时时看清自我，并借助镜子反射出的明媚阳光，驱散心中的阴影。

房子必须安上窗户，是为了通风和明亮，人给心里安上“镜子”，同样是要让心明亮。心快乐了，人就会快乐，心不快乐，人就不快乐。

有位不知名的画家带着他饱经沧桑的心和撼人魂魄的画去一个大都市开画展。由于没有多少钱，他被安排在一栋老房子里。这是一间搁置了许多年的房子，四周连一扇窗户都没有，一进去就有一种压抑感。然而，这位不知名的画家并没有厌弃这间小屋。他微笑着拿出一张洁白的画纸贴在墙上，然后信手在上面画了一扇窗户，画得如同真窗。

参观者一进来便感觉屋外的阳光像流水一样涌入屋中，屋内的一切立刻显得无比生动。同时，画家又在对面的墙上画了一面镜子，大家觉得更亮了，很多人还不由自主地走到镜子前，想看看自己的模样。

一个人要常给自己画一扇窗，让窗中的光线给自己心灵的镜子反射充足的阳光，这才是豁达超然的人生态度！

人的一生中，可以没有显赫的威名，可以没有万贯家产，可以不是伟人巨人，可以不是达官显贵，但只要自己的心灵是纯洁明亮的，眼里的世界就会是美好的，快乐就会无处不在、无时不在，所以，时常到镜子前面正视一下自己，时常在窗户前看一看明亮的太阳，鼓励自己热爱生活，增强奋斗的勇气，敢于挑战自己，发现快乐、享受快乐，并让快乐永远陪伴左右。

清代名士曹庭栋说："事当值可怒，当思事与身孰重，一转意向，可以涣然冰释。"意思是：当事情发生了，即使值得动怒，也要想一想是这件事重要还是自身重要，转换个角度，也许事情就没你想的那么严重了。

所以，给心里装上窗户和镜子也是调节心情的好方法，它可以让人驱散心中的阴霾，保持一种良好的情绪，从而获得一种平和的、宁静的心态，一种健康的、快乐的心态，以及最大限度的幸福感。

心明眼亮的人懂得打开心窗看世界，通过心中的镜子反省自己的人生。心明眼亮的人会让自己的智慧更加熠熠生辉，看世界更加迷人灿烂。你想成为这样的人吗？那就给心灵装上“窗子”和“镜子”，做一个心明眼亮的人吧！

第七章

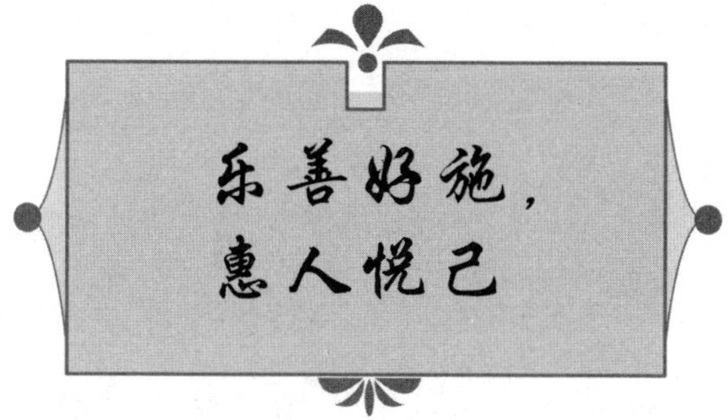

放下傲慢，谦恭有礼

在古希腊德尔斐的一个古神庙前，竖立着一块石碑，石碑上镌刻着一句智慧之言："认识你自己。"千百年来，无数的人对这块石碑上的话顶礼膜拜。是啊，人要想正确地认识自己，首先要做的就是放下傲慢与自负，做低调谦恭的人。

人的才华都是有限的，没有一个人是全才。在人生的道路上，你会发现山外有山、人外有人，正所谓"学业有先后，术业有专攻"。一个人就算能力再强，一定不要自命清高，狂傲自负，不然就会栽跟头。

心理学上有一个"淬火效应"，"淬火效应"来源于金属加工过程中的一个现象：金属工件加热到一定的温度后，就被浸入冷却剂中，经过冷却处理后金属性能会更好。淬火效应说明人经历过"淬火"，会让自己的心理承受能力更强，另外，对于麻烦事或者已经发生的矛盾，不妨也经历一下"淬火"，放置一段时间，这样解决起来会更加稳妥。

傲慢自负的人通常是恃才骄傲，表现得狂妄且目中无人，所以，他们常常对人傲慢无礼。因为傲慢自负，他们会失去为人处世的准绳，结果总是在骄傲中毁灭了自己。

三国时，祢衡很有才华，但性情高傲，总是看不起别人。当时，许都是新建的京城，贤人名士从四面八方向这里汇集。有人对祢衡说："你何不去许都，同名人陈长文、司马伯达结交呀？"祢衡说："我怎么能去同卖肉打酒的小伙计们混在一起呢？"又有人问他："荀文若、赵稚长将军又怎么样呢？"祢衡说："荀文若外貌长得还可以，让他替人吊丧还行；赵稚长嘛，肚子大，很能吃，可以让他去监厨。"

祢衡和鲁国公孔融及杨修比较友好，常常称赞他们，但那称赞却也傲得可以："大儿孔文举，小儿杨祖德，其余的都是庸碌之辈，不值一提。"祢衡称孔融为"大儿"，其实他比孔融小了将近一半的年龄。

孔融很器重祢衡之才，除了上表向朝廷推荐之外，还多次在曹操面前夸奖他。于是曹操便很想见见祢衡，但祢衡自称有狂疾，不但不肯去见曹操，反而说了许多难听的话。曹操十分恼怒，但念他颇有才气，又不愿贸然杀他。但后来，祢衡因屡次侮辱曹操以及他手下官员，最终被杀。

可见，傲慢自负、盛气凌人虽然能得一时口舌之快，但最终不会害别人，只能是自己搬起石头砸了自己的脚，只能自食其果。

有一个成语叫“虚怀若谷”，意思是说，人的胸怀要像山谷一样宽阔。这是形容谦虚的一种很形象的说法。只有宽阔，才能容得下东西；而自满，则容不下任何东西，最终只能茕茕孑立，形影相吊。

谦恭有礼、尊重别人，能使我们在与人交往时彼此打开心扉，化解矛盾，互相体谅，广结善缘，它是立身处世的法宝，也是人际关系和谐的主旋律，谦恭有礼的人能以他的君子之量赢得别人的好感。

做人要有一颗谦虚低调的心，表面看很多大智若愚的人，似乎是吃亏之人，其实是他们永葆赤子之心，他们功成名就时不气焰嚣张，不苛责别人，坦坦荡荡，一视同仁。人如果放纵自己的傲慢自负，任意发泄自己的恶劣情绪，长此以往，傲慢自负就像是决口的河堤一样，越开越大，最终让自己陷于孤立无援之中。而过于抬高自己，不客观地审视自我，过分膨胀，就会踏上危险的悬崖，注定会走向失败。

生活中真正聪明的人，懂得先放低身段，调整好自己的心态，凡事从小事做起，循序渐进，对人礼貌有加，谦虚低调做事，让自己深受人们欢迎。

某出版社招收了几个刚刚毕业的大学生做编辑。这些年轻人文笔大都不错，在业务方面上手很快。当时出版社正在策划一套丛书，由于周期长，人手不够，新招进来的这批年轻人被派了过去，每个人都被分配了很多任务，天天忙得头昏脑涨。

一段时间后，被派去的这批年轻人中只有一个年轻人仍任劳任怨地工作，其他人全都怨声载道，敷衍工作。那个年轻人无论别人要求他做什么与编辑不相干的事情，他也总是尽自己最大的努力去做。

同去的人笑话他很傻，说他这是自己看低了自己。听到这样的话，那个年轻人只是笑笑说："年轻多干点，不吃亏，再说吃亏就是占便宜嘛！"他依然乐呵呵地去工作，丝毫没有怨言。

在大家的眼里，这个“傻小子”真是当牛做马白费力气，他整天要帮忙包书、送书，还得去业务部参与销售的工作，就连取稿费、跑印刷厂、邮寄等事他也乐得去做。他像一个苦力一样工作，似乎忘了他有大学学历，而且也不见他比其他人多拿一分工资。

三年之后，老总准备提拔他做主管，他却提出了辞职，离开了出版社，原来他成立了一家文化公司，没过几年，他的事业就有了大发展。

人有“架子”其实对自己并没有什么好处，时刻都端着“架子”的人，或许只会使自己的事业之路越走越窄。因为“架子”，会让人计较自己一时的得失，无形之中就会为自己画上了一个圈，限制了自己的发展。因为有“架子”，还会让自己游离于大家之外。反之，放下“架子”，懂得以大局为重，能够给予你更多学习和发展的机会，学会团队合作。显然放下“架子”，可以使人得到的益处更多。

所以当你的工作和事业有了特别的表现，要记着不要居功自傲；如果你在事业上取得了暂时的成功或者赚了大钱，也不要骄傲，因为人骄傲，就会让自信变成了自负，被赞誉声弄昏了头。

傲慢自负也许会让人得意一时，但不能让自己长久进步，反而可能成为让自己止步不前的羁绊。

谦虚低调是一种胸怀，放下傲慢是一种很重要的修养。

虽然我们需要得到光鲜亮丽的生活，但这种光鲜亮丽并不是要以傲慢自负为代价，而应以谦虚低调来获得。

“放下执念”，内心自在

在惯有的思维里，坚持与执念是一对反义词。没错，坚持会让人得到成功、荣誉，但坚持到执念，有可能会变成烦恼与悲剧的根源，让人在人生的旅途中失去很多宝贵机会，所以，放下执念才可能内心自在。

古代有一个和尚，为了解救即将遭到洗劫的村庄，便决定独自一个人前往强盗的巢穴，结果被强盗抓了起来。强盗决定要将和尚的脑袋砍下来，当强盗将他绑起来准备行刑的时候，和尚对强盗头子说：“你们杀我可以，但是你们总得让我吃饱啊，我可不想做个饿死鬼。”

强盗头子心想，眼前的他反正都已经成了快要死的人了，就答应了他的要求。但是，他又想要捉弄这个和尚，于是，便端来了一些鸡鸭鱼肉放在和尚的面前让他吃。和尚看着这些东西，想也没想便大吃起来。强盗们看到此情景，便哈哈大笑起来：“我们一直以为和尚都是吃素的，没想到你还是个坏和尚。”

和尚听后“嘿嘿”一笑，说：“现在我已经吃饱了，但是我忽然想到我要是就这么死了，以后肯定没有人会来祭拜我。我能不能为自己写篇祭文，然后念给自己听呢？”

强盗头子觉得和尚的想法非常有意思，便顺着他的意思给他找来了笔墨纸砚，等着看一出好戏。

没想到和尚还真的很认真地给自己写了一篇祭文，之后又很认真地念起来，等到祭文念诵完毕之时，和尚对强盗说：“好了，现在我生前的心愿都已经了了，你们可以杀我了！”

谁知道强盗头子却说：“你这个和尚太有意思了，既然你和我们一样，也不是什么好人，那我们就决定不杀你了。”

于是，和尚顺应时机说：“不杀我也行，但是我还有一个请求，可不可以也放过那些村里的人，据我了解，他们也都和我们一样。”强盗头子听后哈哈大笑，于是，那些村民也免受了一次灾难。

这位和尚的智慧就在于他以善念救人，果断地突破了清规戒律，若是他死守着那些戒律，结果完全会变成另外一个样子。他正是用自己的一次“不执念”，解救了即将受难的村民与自己的生命。

执念和坚持一定要分开，因为有些事如果一定要较真，不会有什么好结果。有这样一个故事：

有两只小山羊，个性都很执拗。某一天，它们在河上的一座窄木桥上相遇了。窄桥上的宽度无法容纳两只小山羊同时过，所以，它们之中的一个必须要退回去给对方让路。

争执之下，它们谁都不肯妥协，一再坚持自己的态度。终于，战争爆发了，两只小山羊把犄角顶到一起，在小木桥上打起架来。由于独木桥桥面很湿，几分钟之后，两只小山羊脚下一滑，便一起掉进了河里。

这是俄国著名教育家乌申斯基所写的童话故事，这个故事几乎被我们每一个人所熟知。也许很多人在读到这个故事的时候，都会为小山羊的结局而感到悲哀，但却很少有人能够意识到自己在生活中也常常扮演着“小山羊”的角色。

其实，生活中没有什么是真的不能放下的，执着有时是好事，但成了执念就未必是好事。所以，分清执着与执念，做出明智的判断，是最好的决策。

比如，如果你发现你的世界里唯一的那扇大门真的不再为你敞开，就不必还在那里等待，一定要赶快醒悟。没有大门可以寻找窗户，在那儿你同样能望见满天的星斗。

需要注意的是，坚持和执念，这两者的间隔并不是那么遥远，所以，我们要用清醒的头脑去拿捏二者之间的分寸。如果不应执念，而我们太过于执着，想要去控制事物，结果反而常常会被事物控制，从而影响到内心原本的清明与自在。而当我们学会放下，学着放弃一些不必要痴心追求的东西，也许一切就会变得简单容易多了。所以，放弃每一个无关紧要而又束缚自己的执念吧，学会“不执念”，你的目标可能会更清楚，人生会变得更光彩夺目，生命之路也就开始顺畅起来。

私心越大，灵魂越脏

人有一种潜藏在心灵深处的本能欲望叫自私，人要生存，就必须从自然界猎取食物满足自己的饮食和要求，这是人最初的欲望，也就是私欲的最原始的表现，因此“私欲”的原始动力实际上来源于人的生存需求。可是随着社会的进步，人的自私之心成了贪欲的原动力，它使贪欲变得无边无际，无限制地扩展。当然人应对“自私之心”有所控制，不让它成为主宰生命的主人。

从前，两个很要好的人，决定一起到一个遥远的地方去。两人背上行囊，风尘仆仆地赶路，誓言不达目的地绝不返回。

两个人走啊走，走了两年之后，遇见一位白发苍苍的老者。老者看到这两位如此千里迢迢，十分感动地告诉他们：“从这里距离你们要去的地方还有十天的脚程，但是很遗憾，我在这十字路口就要和你们分手了，而在分手之前，我想送给你们每人一件礼物！不过你们当中一个人要先许愿，这样，他的愿望会马上实现；而第二个人则可以得到第一个人愿望的两倍。”

其中一个人心里想：“太好了，我已经想好我要许什么愿了，但我不能先许，那样的话太吃亏了，应该让他先许。”而另一个人也怀有这样的想法：“我怎么可以先许，让他获得两倍的礼物呢？”于是，两个人就假装客气地推让起来。“你先许！”“你比我年长，你先许愿吧！”“不，应该你先许愿！”两人彼此推来让去。最后两人都不耐烦了，气氛一下子变得紧张起来。“你干吗呀？”“你先许啊！”“为什么你不先许而让我先许？我才不先许呢！”到最后，其中一个气呼呼地大声嚷道：“喂，你真不知好歹，你再不许愿的话，我就打断你的狗腿，掐死你！”

另一个见他的朋友居然和自己翻脸，而且还恐吓自己，于是想，你无情来我无义，我没法子得到的东西，你也休想得到。于是，他干脆把心一横，狠狠地说道：“好，我先许愿！我希望……我的一只眼睛瞎掉！”很快地，这个人一只眼睛瞎掉了，而与此同时，他的朋友的双眼也立即瞎掉了！

这个故事的结局本可以是皆大欢喜的，却因为两人的自私心而酿成了悲剧。自私者都是妄图比别人占有更多的利益，结果却输掉了一切本应属于他的东西，反而深受其害，自讨苦吃，这是贪欲惹的祸！

人生路上，有些人一路走一路谋取着着物质财富，不管什么都放在背着的布袋里，渐渐地私心越来越重，感到一切都需要，一切都应该归自己所有。对于没有得到的，就想方设法不择手段弄到手。渐渐地，漠视了最真挚的感情，违背了做人的道义，什么诚信、廉耻、互爱、无私等美德都被他们丢弃在脑后。这些人可能得到的越来越多，但同时，他们也被这些重重的财富压弯了脊梁，腐蚀了美好的灵魂。

所以奉劝人们，在为了区区小利和人斤斤计较时，不妨先想想，你可能得到的钱财和你可能为此失去的情谊孰轻孰重，权衡一下利弊，也许你就不会做出不明智之举了。

安妮是一位中年妇女，年轻时在纽约一所大学攻读文学。她被介绍给一位职业作家，帮助这位作家编辑他已经撰写的一系列小故事。在此之前，安妮换过几次工作，日子过得很清苦。6个月之前，她又一次失业了。

这位作家见到安妮后，决定让她试一试编辑的工作，作家同意将3个短篇小说交给安妮编辑并付给安妮8000美元。

安妮编辑完一篇小说之后，内心开始琢磨也许她付出的劳动太便宜了，她想多挣钱。她建议将按件算钱改成按时算钱。作家说，假如安妮能够精确地记录自己的工作时间，他就答应这样做，并且每小时付给她25美元。安妮很高兴，因为她在以前的工作中从未得到过这么多的钱。

安妮开始伏案编辑另一篇小说。不久，她便意识到扣除自己生活起居和干一些杂事的时间，她花在工作上的时间只有10个小时。这样算来，编辑每篇小说挣的钱比原来的计件工资少多了。她发现自己只不过是在“搬起石头砸自己的脚”，于是又想与作家重新谈判。她冲着作家生气地嚷道：“我吃亏了！”她觉得这样不公平。可作家不能原谅她的自私，最终终止了合作。

只想到自己一己之利，不会想到别人、不会感恩别人的人，永远都是自讨苦吃，甚至还会落入自己精心设计的陷阱而自食其果。因此切不可把外物看得太重，不可妄图占尽一切便宜，要懂得情义比贪欲更加重要，才能不为利欲所捆绑，避免坠入贪欲的坟墓之中。

“一念之欲不能制，而祸患流于滔天”，是说如果一个人驾驭不了自己的欲望，就会一步步走向灾难。自古以来能控制自己贪欲的人，都是有道德修养的人，他们不会为金钱名利所动，他们恪守本分，修德向善，不仅可以戒除各种私欲贪念，保持清净的心境，而且能够使自己的福报更加久远。

明朝的两淮盐运司耿九畴淡泊名利，为政清廉，凡是有请托办的私事和礼物，一概回绝。他平素不结交权贵，公事之余就焚香读书。他说：“为官者最亲近的是百姓，若按官场请托的办，百姓则会受害。凡事有是非曲直，岂能以私心而废弃了公理？”他的廉洁之名，妇孺皆知。

有一次耿九畴在水边感叹地说：“水这样清啊！”旁边有位小孩对他说：“河水的清澈，比不上您操守的清廉啊！”耿九畴成为全国官吏和百姓的榜样，被任命为掌管全国官吏风纪的都御史，后任尚书。

人都会有欲望，关键在于如何把握；人都有私心，但私心要学会控制。有操守有德行的人是能够驾驭“欲望”、“私心”这两匹“烈马”的。

乐善好施，惠人悦己

英国《太阳报》曾以“什么样的人最快乐”为题，举办过一次有奖征答活动，从应征的八万多封来信中评出以下四个最佳答案。

一是作品刚刚完成，吹着口哨欣赏自己作品的艺术家；

二是正在用沙子筑城堡的儿童；

三是为婴儿洗澡的母亲；

四是千辛万苦开刀后，终于挽救了危重病人的外科医生。

从第一个答案中，我们知道人必须有工作，能养活自己，能为社会做贡献，才能快乐；第二个答案告诉我们，人要快乐，必须有想象力，对未来要充满希望；第三个答案告诉我们，人要快乐，心中要有爱，特别是那种无私、不计报酬的爱；第四个答案告诉我们，人要快乐，一定要有能力，要有助人为乐的技能。拥有了上述能力的人，世界会给他最美妙的报偿，正所谓：予人快乐，予己快乐。

从前有个国王，非常疼爱他的儿子，总是想方设法满足儿子的一切要求。可即使这样，他的儿子总是整天眉头紧锁，面带怒容。于是国王便悬赏找寻能给儿子带来快乐的能士。

有一天，一个大魔术师来到王宫，对国王说自己有办法让王子快乐。国王很高兴地对他说："如果你能让王子快乐，我可以答应你的一切要求。"

魔术师把王子带入一间密室中，用一种白色的东西在一张纸上写了些什么交给王子，让王子走入一间暗室，然后燃起蜡烛，注视着纸上的一切变化，快乐的处方会在纸上显现出来。

王子遵照魔术师的吩咐而行，当他燃起蜡烛后，在烛光的映照下，他看见纸上那白色的字迹化作美丽的绿色字体："每天为别人做一件善事！"

王子按照这一处方，每天做一件好事，当他看见别人微笑着向他道谢时，他开心极了。很快，他就成了全国最快乐的人，他的眉头舒展，面带笑容。

其实一个人在帮助别人时，无形之中就已经投资了感情，别人对于你的帮助会永记在心，也许日后别人也会助你一臂之力。

所以，在别人遭遇痛苦或不幸时，绝不能冷眼旁观，而是要尽自己的力量和可能给予同情和帮助。这种内心的温情，既温暖了别人，也愉悦了自己。给予和付出比一味的冷漠或索取，更能让人感到快乐。

两个钓鱼高手到鱼塘垂钓，不久收获颇丰。忽然间，鱼塘附近来了十多名游客，也开始垂钓。没想到，他们怎么钓都钓不上鱼。

那两位钓鱼高手，一位性格孤僻，不爱搭理别人，单享独钓之乐；而另一位却是个既有热心、又爱交朋友的人。爱交朋友的这位高手，看到游客钓不到鱼，就说："这样吧！我来教你们钓鱼，如果你们学会了我传授的诀窍而钓到鱼，每十尾就分给我一尾。不满十尾就不必给我。"

游客们欣然同意。就这样，这位热心助人的钓鱼高手，把所有的时间都用于指导垂钓者，到最后获得的竟是满满一大箩鱼，还结识了一大群新朋友，同时，游客们左一声"老师"，右一声"老师"，使他备受尊崇。而另一个同来的钓鱼高手，却没能享受到这种帮助他人的乐趣。

想要得到快乐吗？那就无私地去帮助别人吧，或者是给予，无论是帮助还是给予，都可以转化为收获！还有这样一个感人的故事：

二十年前，他还很年轻，家在南方的一个山区，家里很穷，无法供他上大学。但是为了不放弃读书的机会，他独自北上求学，一边打工，一边念书，处境很是艰难，有时连一日三餐都难以保障。

一天下午，眼看晚饭时间就要到了，他却心情沉重，因为身边的朋友们商量着去哪儿好好大吃一顿，问他要不要一起去，他故作镇定，推托说有事情要忙。等朋友们离开后，他紧紧攥着口袋里剩下的几块钱，这些钱连买一份最便宜的饭菜都不够。

黄昏时分，他还在街头独自徘徊，为了避免碰到熟人，他拐进一条小巷子，在一家小饭馆门口等待。饭馆刚开张不久，招牌看上去很新。等到店里客人都离开了，他才面带羞赧地走进店里。他低着头小声对老板说：“请给我一碗白饭，谢谢！”

见他没有选菜，老板很纳闷，却也没有多问，立刻盛了满满一碗白饭递给他。他心里暗暗松了一口气，掏出钱给老板，又不好意思地问了一句：“您这里还有没有菜汤，我想淋在饭上。”

老板娘端来菜汤，笑着说：“没关系，尽管吃，菜汤免费。”

饭吃到一半，想到淋菜汤不要钱，他又多叫了一碗米饭。“一碗不够是吗？这次我给你再多盛一点。”老板很热情地回答。“不是的，我是想带回去，当明天的午餐。”

老板听后走进厨房，好一会儿拿着一个餐盒走出来。他接过餐盒时觉得沉甸甸的，略有所思地看了老板一眼。老板笑盈盈地对他说：“要加油啊，明天见！”话语中透露着请男孩明天再来店里用餐的意思。

回去后，男孩发现沉甸甸的饭盒里，白花花的米饭下面有一大匙店里的招牌肉臊和一颗卤蛋，饭盒里装着老板的热情和良苦用心。

男孩离开饭馆后，老板娘不解地问丈夫：“我知道，你看他还是个学生，而且生活很困难，所以想帮他。可是为什么不将肉臊和卤蛋大大方方地放在饭上，却要藏在饭底下呢?”老板对老板娘说：“他要是一眼就见到白饭加料，说不定会认为我们是在施舍他，这不等于伤害了他的自尊吗？他下次一定不好意思再来。如果转到别家一直只吃白饭，怎么有体力读书呢?”

打从那天起，男孩几乎每天黄昏都会来饭馆，在店里吃一碗白饭，再外带一碗走，当然，带走的那一碗白饭底下，每天都藏着不一样的秘密。后来他毕业了，在往后的二十年里再也没来过这家饭馆。

一天，年近五十的老板夫妻接到此店要拆迁的通告，夫妻俩准备另找地方，就在这时，一位身穿名牌西装的人突然来访。“你们好，我是某某企业的副总经理，我们总经理让我前来恭请二位，希望你们在我们公司里开自助餐厅，一切设备与材料均由公司出资准备，你们只需要负责菜肴的烹煮，至于盈利的部分，你们和公司各占一半。”

夫妻二人大惑不解：“你们公司的总经理是谁，他怎么会知道我们，还要帮我们?”“你们是我们总经理的大恩人和好朋友，总经理最喜欢吃你们店里的卤蛋和肉臊。”

就这样，二十年后，他再次见到了这一对曾经无私帮助过他的夫妻。现在的他早已不是当年那个为了一日三餐发愁的大学生，他通过自己的奋斗，已经成功建立了自己的事业王国。但当初，如果没有老板夫妻的鼓励与帮助，他或许连学业都难以顺利完成。成功后的他一直都在默默关注着这对夫妻，等待机会报答他们。

给予是快乐的源泉，为别人带来快乐的同时，自己也会处于快乐的包围之中。快乐是可以分享的，向别人分享了快乐，自己获得的快乐会更多。

生活中我们总会遇到这样或那样的困难。如果你失意的时候曾得到过他人的帮助，一定要时刻记在心中，想方设法进行回报，同时应时刻怀抱着一颗乐善好施、惠人悦己的心，去帮助更多的人。

严于律己，宽以待人

一位心理学家把展示4个不同人的访谈录像分别给不同的受试者观看：在第一段录像中，接受访谈的是一个非常优秀的领导者，他态度自然，谈吐不俗。当主持人故意抛给他一个难题而后指出他的一些细节上的疏漏时，他表现出怒目而视的态度。

第二段录像中，接受访谈的是一个优秀的成功人士，他在台上的表现有些生涩，甚至当他被要求介绍自己的成就时，他不小心把面前的咖啡弄洒了，但他毫不掩饰自己的尴尬，赶快向观众道歉。

第三段录像中，接受访谈的是一个普普通通的没有什么成绩的人，他回答一个难题时非常窘迫，把自己的紧张暴露无遗。

第四段录像中，接受访谈的也是一个普通人，和第二段录像中的人一样，他也把面前的咖啡弄洒了，但他没有向观众道歉。

放完这四段录像后，心理学家让受试者从中选择他们最喜欢的人。统计结果表明，受试者们中95%的人选择了第二段录像中的人。

“仰巴脚效应”由此而来，“仰巴脚效应”是说对于那些取得过突出表现的人或者领导者来说，一些偶尔的失误或者过失不仅不会影响他们的威信，反而会增加人们对他的好感，让人们从内心深处觉得他是一个具有人情味、很真诚、值得信任的人，这样的领导者才能得到大家的拥戴。当然，其前提是他们要敢于面对自己的过失或者细节上的瑕疵，不掩饰自己的缺点。相反，如果一个人没有严于律己的真诚态度，非要表现得极端完美，不容许别人指出他的缺点，甚至利用自己的权势压制别人，反而会让人不喜欢甚至失去人心。

历史上有刘秀严于律己、宽待下级，董宣以正压邪、君臣和睦的故事。

一日，刘秀的姐姐湖阳公主外出有事，当公主乘坐的车驶过洛阳城内有名的夏门亭时，洛阳令董宣带着一班衙役挡住了公主的车。董宣要拘捕湖阳公主的一个家奴，据侦查，这个家奴也跟这个车队出来了。湖阳公主一看，小小一个洛阳令，竟敢公然阻拦皇亲车队，勃然大怒，大声斥责董宣大胆。董宣毫不胆怯，回敬湖阳公主，说她包庇杀人犯，并严令这个犯有杀人罪的家奴快下马来。湖阳公主见董宣一点不把自己放在眼里，还想庇护那个家奴，但已来不及了。只见董宣眼疾手快，令手下迅速把那个家奴抓过来，并当着湖阳公主的面，当场把那个家奴处死了。

湖阳公主气得发抖。她从未遭到过如此"羞辱"，这口气无论如何也咽不下去。她调转车头，直奔皇帝的禁宫而去。皇姐驾到，刘秀当然要见。湖阳公主气呼呼地一面向刘秀哭诉事情的原委由来，一面要刘秀替她出这口气，严惩董宣。

刘秀清楚董宣的为人：此人刚正不阿，执法如山。当年他任北海相时，曾经捕杀了犯有杀人罪的当地豪族公孙丹父子，还杀了发动叛乱的公孙丹家族的30余人。事情一闹大，朝廷把董宣逮捕，并以"滥杀"罪判其死刑。但董宣却毫无惧色，视死如归。准备行刑时，刘秀的赦令传到，董宣才得以幸免。

刘秀虽然了解董宣的性格，但也难以咽下皇姐当众受辱的这口恶气，他立即下令让卫士把董宣抓进宫来，准备处死他。

董宣还是面不改色。他说："陛下圣明，汉室得以中兴，但如果自己亲属的家奴无故杀人而不受制裁，那陛下还如何治天下？要臣死不难，用不着鞭笞，臣自杀就是。”说完就把头向门槛上撞去。

刘秀被董宣一身的正气所打动。他感叹道：“如此刚正之臣，能治罪吗？”后来，刘秀虽然免了董宣死罪，但出于皇帝的威严，刘秀仍要董宣向湖阳公主叩头赔不是。耿直的董宣就是不叩头，宦官强按住他的头，董宣依然死命不肯低头。湖阳公主气不打一处来。她对刘秀说：“你是当今天子，为何就不能杀了他呢？”刘秀说：“正因为我是天子，才不能像布衣那样办事啊。”湖阳公主无奈，只得回去了。

严于律己，宽以待人，说说容易，做起来很难。尤其是对自己或对自己的亲人严格，而对与自己不相干甚至有矛盾的人宽容。

汉朝的卓茂为官清正，视民如子，从来都不说一句难听的话。他走到一方，就会感化一方，深受人们的喜爱与敬仰。汉光武帝即位之后，第一件事就是去拜访卓茂，请他出任“太傅”，并封他为“褒侯”，而且还赐给他两个儿子官爵。

卓茂任丞相时，有一天，他刚从相府骑马出来，忽然有人冲到他面前，拉着他骑的马不放，硬说那匹马不是他的。

卓茂不急不恼，反而心平气和地问他："请问您的马丢了多久了啊?"

那个人说："有一个多月了!"

卓茂一听就知道是对方弄错了，因为他自己骑的这匹马一直在他身边。但是他什么也没有说，也不跟对方争辩，默默地把这匹马的缰绳解开，让那个人把马牵走了。临走的时候，卓茂还叮嘱道："如果您发现这匹马不是您的，请您牵到这个地方还给我。"

没过多久，那个人找到了自己的那匹马，于是把卓茂的马还了回来，并且向卓茂叩头致谢。

其实，宽以待人不仅仅是一种修养，更是一种严于律己的智慧与仁爱。

中国有句俗语：击水成波，击石成火，激人成祸。有大智慧的人面对矛盾时往往不会激化矛盾，反而会更加妥善地处理矛盾，尽量使矛盾大事化小，顺利解决。人严以律己，做事会有约束，不会触碰底线和红线；宽以待人，能与人和睦相处。这样，就能做到自己不烦恼，他人也快乐。

乐于助人，其乐融融

心理学上有一个“互惠效应”，是说受人恩惠就要回报，因为乐于助人不仅能使人际关系其乐融融，而且给自己将来得到帮助打下基础。这是人际交往中的“铁律”，能使人们彼此之间保持心理平衡，有利于更进一步的交往。

互惠效应认为，人与人相处时，应该回报他人为我们所做的一切，当然在这个理念下到底应该采用什么样的方式有相当大的灵活性。一个小小的“人情”，也许会导致其日后做出超出好几倍的回报。

请看一个感人的故事，这个故事发生在美国。

一个大雪纷飞的夜晚，布朗先生独自驾车返家，不料车子却在一片四下无人的荒野中抛锚了。正当他着急不知该如何是好，又冷又饿又怒又气地咒骂鬼天气时，一个年轻人正好驾车经过，当他知道布朗的遭遇后，立刻拿出绳索绑住两部车，然后拖着抛锚的车到下一个城镇去修理。

布朗对这个年轻人的感激之情无以言表，他当下拿出一笔钱作为报答之意，不料年轻人却摇摇头微笑着拒绝了。他说："我不是为了获得报酬才做这件事，若你真想报答我，就请答应我一个要求好了。"布朗略感诧异地凝神倾听年轻人所讲的要求是什么。

年轻人对布朗说："希望今后当你遇到需要帮助的人时，你能够尽你所能地去帮助他，若他也像你现在这样想要报答，请你把我现在告诉你的话一样地告诉他，这就是对我最好的报答了。"

布朗惊呆了，他停止了对自己不幸遭遇的咒骂，内心升腾起了一股暖流。

时光飞逝，一晃二十多年过去了，这些年来布朗从来没有忘记对年轻人的承诺，只要遇见需要帮助的人，他总是义不容辞地去助人，碰上受助者想要回报他时，他也总是照着当初那个年轻人告诉他的话去说。在不断帮助他人的过程中，布朗深深体会到助人为快乐之本的真谛，他感觉日子也过得充实而愉快。

有一天布朗独自驾小船出海去钓鱼，不幸遇上了一个迅速发展的海上暴风雨，小船禁不起大浪的折腾翻覆了，布朗抱着救生圈在海上漂流了一天一夜，最后被冲上一座荒凉无人的小岛。

过了几天，一个来孤岛附近钓鱼的小伙子，发现了遇险已命在旦夕的布朗并救了他。对于救命之恩，布朗拿出了好大一笔钱作为答谢，没想到这个小伙子也告诉他：“不需要这样，只要今后当你遇到需要帮助的人，你都能够尽量帮助他，并且请他跟你一样，懂得去帮助需要帮助的人，这就是对我最好的报答了。”

“这就是对我最好的报答了。”多么耳熟能详的一句话，这句话刹那间让布朗热泪盈眶，他突然明白，原来过去这二十多年，他一直以为是自己在帮助别人，其实他真正帮助的是他自己。助人的善念在人间传递，若干年后像转轮一样又转回到他的身上，若不是人间有这么多的人共同传递这份善念和爱心，他今天或许不会获救。

是的，生命中充满了无限的可能，爱心、善心藏在人们的心底有待于人们开发，人若用真诚、善良去助他人一臂之力，用爱心、善心去化解彼此的怒气和纷争，赢得他人的尊重，就能给自己和别人带来幸福。

在美国纽约中央车站，有位快乐的搬运夫，他是一名黑人，大家都不知道他的真名，于是叫他“红帽42号”。

某天早晨，当他进入车站月台，突然发现月台上有辆轮椅，上面坐着一位老妇人，低垂着头，很难过地在拭着眼泪。他立刻走过去，用愉悦的声音柔声对她说：“夫人，早安，请问有什么需要我为您服务吗?”

老妇人愣了一下，抬起头稍作微笑。“夫人，您所戴的这顶帽子，实在太适合您穿的这套衣服了。”“你是称赞我吗?”“对啊。”

老妇人带着歉意的口吻说：“对不起，刚才让你看见我在流泪。”“没有关系，如果你心里有难过的事，就尽管哭吧，这样会比较舒服一点的。”“你知道吗？我的腰背受伤很严重……你知道什么叫作痛吗?”“红帽42号”弯下腰，让老妇人看他的双眼：“夫人您看，我的左眼是义眼，年轻时受伤，挖掉时……那种刺痛简直令人无法忍受呢!”“那你怎么办?”“我只有祷告上帝呀!”“祷告？是否祈求上帝将疼痛除去?”“不！我只是求上帝赐我力量，让我能忍受得住。”

火车进站了，“红帽42号”推着轮椅送老妇人上车。这件事就这样过去了。

大约半年后，当“红帽42号”照常在月台上帮旅客提行李时，突然听见广播：“‘红帽42号’，‘红帽42号’，请到站长室，有人找你。”当“红帽42号”走进站长室，看见一位很清秀的妙龄少妇。这位少妇见到“红帽42号”，立刻起身恭敬地向他行礼，然后说：“不知你还记不记得半年前，有位坐轮椅的老太太在这月台上得到你的帮助，在她正伤心、痛苦的时候，因你温柔的安慰与鼓励，使她得到很大的帮助。自从那天回家之后，她整个人都变了，不再怨天尤人，不再流泪悲伤，每天都高高兴兴，也使我们这些家人受到感染，使家里充满阳光。上周她在安详中离开了这个世界，离世前一再吩咐我，要我亲自到中央车站，向她的恩人——‘红帽42号’先生表示感谢与敬意。”

乐于助人，乐善好施，多做一些有益于他人的事，多贡献自己的绵薄之力，造福社会，是人们力所能及的事，也是高尚的事。

大爱指引，小爱并行

曾有人问过拿破仑·希尔，生活给予他最重要的教诲是什么，拿破仑·希尔经过一番深思，回答说："爱。"他说："'爱'并不是一种朦胧盲目的情感，而是一种体现于工作和日常生活行为之中的对善与智的渴望。人因为爱而开创幸福的天地，也因为爱感受到生命的宝贵。"

卡基·勃尔是一名残疾人，他只有一只左手，全身瘫痪在床，只有右眼能见到一丝光。一天，他在读报时看到一篇文章，介绍远在库伦山里的一位姑娘，名叫卡西娅，与他同年，也是全身瘫痪，只有双手可以动。勃尔写了一封信安慰她，过了三个月，卡西娅果然回了信，告诉他，为给他回信，她花了整整两个月。从此，这一对残疾人书信往来不断。

一天卡基·勃尔收到卡西娅的信，是卡西娅向他求婚的。卡西娅在信中说："虽然，我们绝对不能成为夫妻，但我们可以成为一对精神上的恩爱夫妻，互相关心。你同意吗?"卡基·勃尔回信愉快地答应了。他在信上说："亲爱的卡西娅，我真的为你这种伟大的无所畏惧的精神感动万分。你使我看到生命的崇高、人性的光辉，万里之途绝不会阻隔两颗无畏而充满美好憧憬的心。"

卡基·勃尔在家人的帮助下，不远千里来到库伦山里，见到了他的卡西娅。他们从此生活在一起，共同抗争命运，奇迹般地生存下来，卡基·勃尔活到63岁，卡西娅活到50岁。

爱给了人们自信和斗志，让人变得无所畏惧。

人间贵有爱，每个人的心中都有爱的能力，这也是人类最宝贵的情感。同样的，爱也是每个人对家庭、对社会的责任。所以人活在世，要想活得有意义，就要大爱指引，小爱并行。

《礼记·大学》中有这样一段话："古之欲明明德于天下者，先治其国；欲治其国者，先齐其家；欲齐其家者，先修其身；欲修其身者，先正其心……心正而后身修，身修而后家齐，家齐而后国治，国治而后天下平。"大意是说：古代那些要使美德彰显于天下的人，要先治理好他的国家；要治理好国家的人，要先整顿好自己的家；要整顿好家的人，要先进行自我修养；要进行自我修养的人，要先端正他的思想……思想端正了，然后自我修养完善；自我修养完善了，然后家庭整顿有序；家庭整顿好了，然后国家安定繁荣；国家安定繁荣了，然后天下平定。

爱有多种，仁爱是其中一种。“仁爱”不仅是对自己“亲人要爱”，还必须“推己及人”，做到“老吾老以及人之老”、“幼吾幼以及人之幼”，进而推广，形成一种充满社会责任感的爱，而“四海之内皆兄弟”、“天下为公”，都是大爱的表现。如果每个人都能践行这个理念，人间就是善良和友爱的天堂。

有个老人傍湖而居，每年野鹅南飞避冬时，都会在湖边稍作停留。有一年冬天，因为寒流来袭，几只野鹅被困在那儿，没有食物。老人很同情它们，就每天喂一点东西给它们吃。从此，每年冬天，都有越来越多的野鹅聚集在那儿。后来，一整群的野鹅都忘记了南移，整年留在湖边靠这位老人养活。某一年的冬天，老人过世了，再也没有人喂这些野鹅了，数百只野鹅南飞了。

老人的爱是一种“小爱”。这种“小爱”每个善良的人都可能付出，比如从微薄的工资里拿出一元钱给寒风中的乞丐，在公共汽车上为一位盲人起身让座，在街上被人碰撞了却报以宽容的一笑，过马路时自然地搀扶着身边素不相识的阿婆，给家中做钟点工的下岗女工多几元工资……这些都不是什么惊天动地可歌可泣的大事，但却是实实在在地勾勒出生活之美，人性之美，它们虽不是王冠上举世瞩目的钻石，但同样闪烁出钻石般的光芒。

而“大爱”之人则有大的心胸、能力，比如，倾其所有为贫困儿童建立一所小学，为基金会提供一笔善款，为整个社会辛苦做公益不图回报。“大爱”并不一定意味着要牺牲自己更多的利益，平凡而普通的人，通过乐于助人、乐善好施，同样可表现出大爱来。

一位母亲带着两个小男孩在大年夜里到一个面馆吃阳春面。一看他们的衣着就知道是落魄之人。面馆老板夫妇看到她们母子三人那么清苦，当得知她们只要一碗阳春面的时候，便借着寒暄默默地给了一碗半的面量，并且热情地说：“祝你们过个好年！”也许老板夫妇觉得这些都算不了什么，但是这份善良对于身处人生“冬季”的母子三人来说，无疑是莫大的鼓励与支持，顿时，快乐的微笑浮现在母子三人的脸上。

老板夫妇认识这母子三人，孩子的父亲刚刚死于工伤事故，生前还欠下了不少钱。那位母亲把抚恤金全部还了债还是不够，只能一边抚养两个年幼的孩子，供他们读书，一边每月分期偿还。家中入不敷出，他们从没有外出吃过一顿像样的饭，大年夜里的一碗阳春面对他们来说是多么可口的美食啊！后来当他们吃完准备离开时，老板夫妇默默地又把为他们打好包的3碗阳春面悄悄地递到了小儿子手中。母亲眼含泪花地表示了感谢。以后每年年夜里他们都会来这里吃阳春面，这好像是他们与老板夫妇的默契。

后来，她们母子三人经过多年的同心协力，终于走出了困境。不仅还清了全部债款，而且大儿子当了医生，小儿子也在银行里有了一份体面的工作。虽然家境改善了，可是母子三人每年年夜里还会特意来面馆品尝阳春面，并看望当年给予他们鼓励和支持的面馆老板夫妇。

面馆生意越来越兴隆，店内重新进行了装修，桌子、椅子都换了新的。可不管店内布置如何改换，他们当年吃面的桌子却依然如故安放在店堂中央。有的顾客感到奇怪：“为什么把这张旧桌子放在店堂中央?”于是，老板夫妇就把来吃“一碗阳春面”母子的故事告诉大家，因为他们随时恭候着母子三人的再次光临。

日本的“经营之神”稻盛和夫说：“以长远的眼光来看，善良而行善的人，不会一直怀才不遇。”这就是“大爱指引、小爱并行”的道理。

第八章

赢了开心，输了快乐

我们的生活就像是博弈，有赢就有输，赢了自然满心欢喜，可是输了也不要过于沮丧。人对成败胜负要有正确的态度。如果做到赢了开心，输了快乐，就是生活中的智者。

美国的苛勒教授曾做过这样一个小鸡的视觉辨别实验：分别用两张纸盖住谷子，一张是较浅的灰色，一张是较深的灰色。如果小鸡啄的是较浅的灰色纸下面的谷子，就让它吃；如果小鸡啄的是较深的灰色纸下面的谷子，就不让它吃。这样经常变化盖住谷子的不同颜色的两张纸，做了大量的实验后发现，小鸡只啄灰色纸下面的谷子。如果把较深的灰色纸换成更浅的灰色，小鸡也会相应地改变行为而转向这张纸来寻找谷子。苛勒认为小鸡不是对特殊刺激做出的反应，而是对整个情景下物体之间的相对关系做出的反应。这只是低等动物的本能，而作为高等动物的人类，当然不会出现这种现象。

这就是心理学上著名的“格利塔斯心理学效应”。它告诉我们，执着于输赢的人考虑问题就像小鸡只啄灰色纸下面的谷子一样可笑，看问题要从全局出发，不能只考虑眼前的成败得失而不考虑全局的发展。一个缺乏全局观念的人若总执着于一时的成败，对将来就不会有通盘的谋划。所以，一个人要想成功，必须忍受一时的痛苦，熬过眼前的失败，把眼光放长远权衡利弊。因为一时的输赢并不代表最后的成败，不顾大局地意气用事，斤斤计较于个人恩怨，更容易造成最后的输局。

中国古人有这样一句智慧的话："莫以成败论英雄。"能够永远一帆风顺走过属于自己的人生，这是每个人都希望实现的理想。然而，人的一生总是难免遭遇各种失败挫折，现实的人生需要我们经历各种失败与输局，似乎这才是比较完整意义上的生活，因此，我们要做好心理准备，面对各种挑战，赢时要赢得开心，输了也要输得坦然，因为输赢都不代表人生走到了尽头。当然，不争输赢，也未必就是消极遁世，能够以乐观豁达的心态辩证地看待输赢的人更明智。

有一个关于打赌赢饼的故事也许可以给我们些启发。

有一位禅师，喜欢在附近的村中找一些儿童玩耍。有一天，禅师跟一个儿童商量通过游戏斗输赢，如果输了的话就要买饼子犒劳对方。禅师说：“我是一只大公鸡。”儿童说：“我是一条虫子。”于是，禅师便做出公鸡扑食的样子说：“大公鸡吃虫子！我赢了。”儿童也不示弱，说：“我是会飞的虫子，我不会飞走吗？你是捉不到我的，怎么能赢呢？”结果，禅师只好认输，领着儿童去给他买饼子吃了。

为什么禅师会认输了？因为，当自己是公鸡，对方是虫子，彼此争执起来的时候，按照一般的逻辑来看，一定要斗个你输我赢。鸡啄虫子，同样虫子也可以跳到鸡冠上去咬公鸡，如此反复你争我斗，当然是虫子打不过公鸡。然而，天真无邪的儿童却说出一飞了之的答案，可见输赢并不是要分个高低胜负的。有智慧的人赢了开心，输了也快乐。

但现实中为什么我们大多数人总是把输赢看得很严重，事事都要争强斗胜呢？有些人的一生，都在千方百计不择手段地去赢：学习上要告诉自己必须得第一名，工作中要争全额奖金，到了老年后，又想让自己的下一代胜过别人的子女。他们的一生都在与别人争输赢，唯恐自己被落下。这样的人成了输赢的奴隶，忽略了人生中真正重要的事情。输赢难道真的就那么重要吗？这只是个人不同的看法与心态所决定的，如果你赋予输赢不同的意义，那么输就会有输的意义所在，赢也会有赢的压力所在。人不必计较无关紧要的输赢，这才是智慧的体现。一个人能放下输赢，就能平安自在地乐享人生。

争强好胜不一定事事都有理，不一定要事事都比别人强；认错未必就是输了面子，而是在为树立良好形象奠基。若每个人都有勇于认错、勇于对自己的行为负责的态度，不但会消除人与人之间的隔阂与误解，而且还会赢得对方的尊重。

苏东坡和秦少游是世人所知的才高八斗的大文豪，他们常常为了谈学论道而争论不休，互不退让。有一天，两个人在一起吃饭的时候，刚好看到一个许多天都没有洗澡的人走过，身上爬满了虱子，东坡先生就说：“那个人真脏啊，身上的污垢都生出虱子来了！”

这时，秦少游却表示反对，说：“我看才不是，那虱子分明是从棉絮中长出来的！”

这样一来，两个大才子各持己见，争执不下，于是便决定去请佛印禅师论公道，确定虱子到底是从哪里生成的，并且约定输的一方要为一桌酒席付账。

求胜心切的苏东坡，私下跑到佛印禅师那里，请他务必要帮帮自己。可过后不久，秦少游也跑去向禅师求助，佛印禅师都答应了他们。

在两人都以为胜券在握，放心等待评判结果时，禅师评断说："虱子的头是从污垢中生出来的，而虱子的脚部却是从棉絮中长出来的。"两人一听，明白了禅师这一巧妙的评断。

其实，佛印禅师只是充当了一个"和事佬"的角色，换了种思考方式，将苏东坡和秦少游两人的观点巧妙结合，使他俩和谐共存。

有人说过："放下输赢，你就赢了。"还有人说："竞赛的输赢只是一时，能真正受到肯定的，是对别人贡献最多、活得最精彩的人。"有时候，人们一心只想着去争赢，反而会输得更惨。

在某一次的长跑比赛中，参加最后角逐的十几个人都是被精心挑选出来的。但是，比赛所设的奖项只有三项，因此，这场竞赛也就变得非常激烈。

发令枪响之后，选手们一个个像离弦的箭冲了出去。

其中的一位选手在比赛中一直遥遥领先，可是就在即将到达终点的时候，他却突然颤抖了一下，差点跌倒在地上了。他因为这个小小的失误，最终只得了个第四名，与奖牌失之交臂。同时，他还遭到了比那些成绩不如他的选手更多的责难。

“真是失望极了，竟然跑成了这样的成绩，跟倒数第一也没有什么区别了。”比较刻薄的人这样说。

“要是再坚持一会儿就好了，却在阴沟里翻船了！”比较宽容的人如此说。

其实，我们都应该很清楚，即使是没有任何人去议论这件事，那个选手已经痛苦至极了。然而，在面对如此多责备的情况下，那个选手却显得十分坦然，并没有表现出一丝悲伤的神色。

“难道你就不为自己的失误感到一点遗憾吗？”有人不解地问他。

“这并没有什么好遗憾的，失误是因为我自己一时过分在乎胜负而造成了心理紧张，也让我记住了这个惨痛的教训。虽然我没有拿到奖项，但是我却学到了人生中最宝贵的经验，在以后比赛中我还会赢的！”

失败，对任何人来说都不会是件高兴的事，所以大部分人在面对失败时都会觉得沮丧、灰心，甚至产生心理阴影，一种由心而生的恐惧抓住了他们的心，望而却步也许是他们害怕失败的心态的最好代名词。可是人生没有一帆风顺的，失败了难道就说明永远都要爬着吗？人总是要经历失败的，其实失败并不可怕，可怕的是你因为失败而放弃对成功的追求。当人转到失败的背后，会发现原来成功的路就在这里。

没有永远的失败，也没有永远的成功。能够在输赢面前保持一种豁达的状态，远比拿到奖项和荣誉更重要，也更为珍贵。因为，只有将输赢看淡，赢得起也输得起的人，才会真正取得人生的成功。

谦虚为胜，骄傲必败

许多人都看过《卡尔·威特的教育》这本著名的书，这本书写于1818年，是世界上论述早期教育的最早文献之一。

卡尔·威特在生下来时是一个智障儿，但他的父亲老威特运用一种与众不同的教育方法，使小威特8岁时，就已经掌握德语、法语、意大利语、拉丁语和希腊语五种语言，同时，小威特还通晓动物学、植物学、物理学、化学，尤其擅长数学。小威特在9岁时就考上哥廷根大学。当他未满14岁时，就被授予哲学博士学位。16岁时又获得法学博士学位，并被任命为柏林大学的法学教授。

对于这样一位才华出众的天才，父亲老威特非常注意培养孩子谦虚的习惯，他禁止任何人表扬他的儿子，生怕孩子滋长骄傲自满情绪，从而毁了他的一生。

父亲为什么要这样做呢？因为他非常了解孩子的心

理，自己的孩子实在太优秀了，太优秀的孩子往往经不起表扬，表扬过多往往会导致孩子骄傲自满心理的产生。因此，他在生活中有意识地避免表扬孩子。

谦虚是为人之本分，骄傲心理是指由于过高地估计自己、过低地估计别人而引发出的一种傲慢自负的心理状态。

有一个几乎是妇孺皆知的动画片《骄傲的将军》，讲的是一位曾经百战不败的将军，每日练武、磨枪，武艺越练越高强，长枪也越磨越锋利，每战必胜，于是就滋生了骄傲情绪，觉得自己的武艺举世无双，打遍天下无敌手，就开始懈怠起来，刀枪入库，马放南山，终日饮酒作乐。

突然有一天兵卒来报，敌军压境，兵临城下。将军仓促应战，不料长枪锈迹斑斑，马无驰骋之力，刚刚一个回合就被生擒。

“我”这个字是“手”和“戈”的组合，古义就是“每个人手上都拿着刀剑、武器”。交往中如果两人互不相让，最后一定会争执得两败俱伤。

谦虚为人要求人站在别人的立场上来考虑问题，注意控制住自己，这样关系才能越来越融洽。

有一位商人有一腔抱负，但常为自己的几单生意获利不多心情不畅，为了排解苦闷，他向一位智者请教。

那位智者拿出一个瓶子，让商人往里面装石头。装满后，智者问："还能再装吗?"商人回答说："不能再装了。"

智者找来一些碎石子往瓶子里装，结果装进去很多。又问："还能装吗?"商人思考片刻，看着智者迟疑地说："不能再装了吧?"

智者笑了笑，又往瓶子里装细沙，结果，又装进了好多沙子。装完后，智者问商人："还能再装吗?"商人没有即刻回答，左思右想了好半天，肯定地说："不能再装了。"

智者盛了一些水让商人往瓶子里倒，自然又装进去了很多。

商人大受启发，高高兴兴地谢别了那位智者。回家后，商人的事业果然蒸蒸日上。可没过几年，商人又找到那位智者，说："自从您给我开示之后，我的生意越来越好，可是，我的人生还有很长，不能就停留在这里，那我的后半生不就荒废了吗?"

那位智者点点头，很欣赏他的上进心，然后又拿出一个瓶子，让商人按上次见面时一样把瓶子装满，商人很快就把瓶子装满了，先是石头，然后是石子、沙子，最后倒入水。这时，智者问了商人一个老问题："还能再装吗？"

商人皱了皱眉，他不理解怎么还是同样的问题，就说："水已经是最细微的了，再也没有什么东西可以填进水的空隙里去了。"智者又问："还能再装吗？"商人再也想不出还能有什么可以装进瓶子，只好摇摇头。

这时，智者拿起瓶子，将瓶子里的水、沙子、石子、石头全都倒掉，又问商人："现在能再装东西吗？"

看着空空如也的瓶子，商人顿悟。

人虽然不能控制生命的"长度"，但却可以控制谦虚的"宽度"。要想让自己拥有虚怀若谷的胸怀，谦虚谨慎很重要，谦虚可以利于自己的进步，可以广交朋友，可以让自己生活快乐，事业进步。

心定能静，静而后安

《大学》中说："心定而后能静，静而后能安，安而后能虑，虑而后能得。"人的资质、能力不同，千万不要为了某个目的强求为难自己，这样即使实现了梦想，收获了结果，也依然不会快乐。

人是天地之灵、万物之长，人要用物而不被物用、不为物累。人生在世，或得意，或失意，但宠辱皆是表象，内心的快乐与幸福最重要。做自己无法胜任的事情，无疑是自找苦吃。因此，不要把功成名就、挣钱、成功当成生活的终极目标和唯一的理想，人只要量力而行，该放就放，当止则止，才能在轻松快乐的节奏中，收获真正属于自己的那份"成功"。成功不分大小，即使人生平凡，同样拥有幸福。

有一个富有哲理的故事：

苏东坡在江北瓜州地方任职，和江南金山寺只一江之隔，他和金山寺的住持佛印禅师经常谈禅论道。一日，苏轼自觉修持有得，就撰诗一首，派遣书童过江，将其送给佛印禅师印证，诗云："稽首天中天，毫光照大千。八风吹不动，端坐紫金莲。"（"八风"是指人生所遇到的"嗔、讥、毁、誉、利、衰、苦、乐"八种境界，因其能侵扰人心情绪，故称之为"风"。）

佛印禅师从书童手中接过来之后，拿笔批了两个字，就叫书童带回去。苏东坡急忙打开，只见上面写着"混账"两个字，不禁无名火起，于是乘船过江找禅师理论。船快到金山寺时，佛印禅师早站在江边等待苏东坡。苏东坡气呼呼地说："禅师！我们是至交好友，我的诗、我的修行，你不赞赏也就罢了，怎可骂人呢？"禅师若无其事地说："骂你什么呀？"苏东坡把诗上批的"混账"两字拿给禅师看。禅师哈哈大笑说："言说八风吹不动，为何'混账'打过江？"苏东坡闻言惭愧不已。

人这一生，不要去过分地苛求，也不要有太多的奢望。声名显赫是一种荣耀，平平淡淡也是一种清闲，追名逐利是一种权谋，心安理得也是一种洒脱。

人人都渴望得到幸福，但是幸福之路有多条。"莫畏浮云遮望眼，走出自我天地宽”。当你在来去匆匆的人生旅途中苦苦追寻而迷失了方向时，不妨调整心态，校正方向，理清思路再从容起程，或许你就能发现一个崭新的生活图景正呈现在你眼前。

胜人者力，自胜者强

法国心理学家齐加尼克曾做过一个实验：他将自愿受试者分为两组，让他们去完成20件任务，并对其中一组受试者进行干扰，而让另一组受试者顺利完成工作。实验表明，虽然受试者在接受任务时均呈现出一种紧张状态，但没有受到干扰的一组受试者随着工作顺利完成，紧张状态逐渐消失，而未能顺利完成工作的一组受试者紧张状态更加严重。后来人们把心理上的压力称为“齐加尼克现象”。

每个人，或多或少都要经历生活中的磨难，但如果你在任何环境中都能保持乐观的心态，矢志不渝，命运之门终将为你打开。

在阿根廷首都布宜诺斯艾利斯，有一家著名的郝根烟草公司。有一段时间里，总有一个青年人在那里流连徘徊。这个17岁的青年出身于希腊的一个难民家庭，靠在一艘货船上做帮工，才漂洋过海来到南美，投身于“淘金者”的行列，此人就是后来成为希腊船王的奥纳西斯。

奥纳西斯带着烟草来到阿根廷，按理说，两地的差价是悬殊的，发财是理所当然的，但他是个外来人，在当地一无基础，二无门路，烟草卖不掉，哪儿有什么财可发？所以他每天都到郝根公司来寻找机会，别说业务人员不理睬他，就连看门的人也动不动就给他白眼。

尽管遭受冷遇，奥纳西斯也不生气，还是像上班一样，天天来到烟草公司，后来人们习以为常了，就让他出入公司大楼。奥纳西斯到达楼里，从不打扰别人，只是在董事长的办公室门口耐心地等待。

烟草公司董事长郝根开始没有在意，过了三个星期，他终于发觉了这个年轻人的存在。只见此人满面愁容，举止拘谨，欲言又止，像是有着满腹心事，便问道：“年轻人，你有什么事吗？”

奥纳西斯回答道：“我手里有一些中东优质烟叶，想卖给贵公司，但我不知怎么办才好。”“做买卖我们总是欢迎的，你为什么不早点儿说呢？”“我见你一直很忙，所以不想为这件小事来麻烦你。”“不错，我确实很忙，你可以到本公司的购货处去洽谈。”

奥纳西斯连声称谢，可是还是不走，这时郝根恍然大悟了：“此人难道真不知道购货处是专管收烟叶的吗？他等了足足三个星期，并不是为了弄明白什么地方能收购烟叶，而是有求我之处。”郝根被这年轻人的诚意感动了，就说：“请到我办公室稍候片刻，我打个电话去购货处联系一下。”

随即，奥纳西斯来到公司购货处，购货处的业务人员因接到了董事长的电话，很顺利地答应购买奥纳西斯的烟叶。从此，奥纳西斯从中东源源不断地运来烟草，卖给郝根烟草公司。

三年后，他从烟草生意中赚得五万美元，买下了第一条旧货轮，开始了让他登上船王宝座的航运事业。

如果奥纳西斯在人生地不熟的陌生环境中遭到冷遇只是愤愤不平而不是想方设法另辟蹊径，解决问题，他怎么可能成功？坐以待毙或生气是无能者的表现，奋发图强才是强者的标志。

小王和小李是艺术系的同班同学，小李毕业后因为父亲的关系，立刻进入某大报社从事美术设计工作。不甚如意的小王，每次看见小李在报上刊出的作品就非常生气，痛骂报社只认人情，不长眼睛。

但是原本远不及小王的小李，由于报社的工作环境好，经常能接触最新的材料与作品，加上勤奋好学，不断努力，几年后他的作品形成了独特的风格，也闯出了不小的名气。

小王终于不再讥评小李，而且因为长久地怨天尤人，使他由一时的怀才不遇变为真正的外强中干，作品的水准已经远远落于小李之后了。

人有情绪，但人并不是只有情绪。人的价值和意义恰恰在于能够做自己不愿意做的事，能够控制自己的行为并按照自己的意志生活。“胜人者力，自胜者强。”人最大的敌人不是来自外部，而是来自自身。若能站在自我控制的制高点，任何问题都能迎刃而解了。

美国的杰斯特·哈斯顿是一个地地道道的黑人，也是一个“国宝”级音乐大师，美国境内几乎所有的乐队都免不了唱上一两首他创作的歌曲，而在黑人灵魂音乐的创作上，他也是世界级的顶尖高手，无人能望其项背。

有一次有个人问他说：“杰斯特，你有没有遭受过种族歧视？”“噢，我这辈子一直都受到歧视。不过，我认为自己不该反应过度，因此，我尝试对别人的歧视充耳不闻。虽然我无法制止别人，但我知道自己应该做些什么。”

有一次，在拉斯维加斯的万人演唱会上，杰斯特·哈斯顿用真情演唱了一首《我的梦想在你那儿》。唱完之后，他很动情地说：“虽然我的肤色和大多数美国人不同，但我也热爱这个国家，那些不公正的评论不会影响我快乐地唱出我的梦想。”

雷鸣般的呼喊声顿时此起彼伏，杰斯特·哈斯顿自强不息、积极乐观的人格魅力感染了众人。

为人在世要有为自己争口气的自信心和责任心，这样才能产生积极乐观的力量，促使我们自立自强，积蓄能力，一步一个脚印走向新的天地。

你见过生长在森林中阴暗角落里的蘑菇吗？蘑菇因为得不到阳光和肥料，常常面临着自生自灭的情况，只有长到足够高、足够壮的时候才能被人们关注。虽然它们的生存环境很恶劣，可事实上，在这种困境中它们已经足可以独自接受阳光雨露了。后来心理学家把这种现象称为“蘑菇效应”。任何人，在成长的过程中，都注定会经历不同的苦难、荆棘，但若能羽化成蝶，奋斗就会更加脚踏实地，更加理性。

左思是我国西晋时著名的辞赋大家，他的旷世名篇《三都赋》用了整整10年的时间才写就。他为了把《三都赋》写好，无论是吃饭也好睡觉也罢，时时刻刻都在构思这篇赋的语言文字、思想内容和艺术境界。为了能够及时地把自己突发的灵感记录下来，他何时何地都不忘带着纸笔，一想到有什么好的句子，就立即记下来。

皇天不负苦心人，十载寒暑过去，左思终于完成了他名动天下、流传千古的《三都赋》。《三都赋》语言华美、文笔流畅，无论是内容还是形式，都取得了较高的艺术成就。文章一经问世，整座洛阳城为之轰动，大家竞相传抄，顿时洛阳城的纸张变得供不应求，纸价暴涨，成语“洛阳纸贵”就是由此而来，此事也成为我国古代文坛一段佳话。

左思用了整整10年才写了一篇足以让他流芳百世的文章，其中的艰辛有几人能够体会？要知道，任何成功者，都是付出了常人无法想象的艰辛，才实现自己的人生和社会价值的。

那些养鸟的行家，在选鸟的时候，都要故意去惊吓鸟，绝不选那种稍受一点惊吓就扑打翅膀、乱成一团的鸟。

所以当你在困境中感觉到忧郁、失望时，你应当努力适应环境。不要反复想到自己的不幸，要以最大的努力来振奋心情，这样你的精神很快就会经历一个神奇的变化，遮蔽你心田的黑影将会逃走，而奋斗的激情将照耀你前进的路程。

我们应该相信我们终究有一天会像阴暗的环境中潜滋暗长的蘑菇一样，在经历了艰难困苦的磨砺之后，终将出人头地，拥有灿烂的鲜花和掌声。

厚德载物，上善若水

人的幸福快乐程度与物质财富的多少没有必然的联系，却与人的道德修养具有不可分割的关系。一个人发自内心地感到幸福与快乐的时候，通常不是得到物质财富的时候，而是在精神上摆脱一切人为的束缚与烦恼的时候，或者超脱自己的七情六欲而不被其奴役的时候。永恒的幸福与快乐不是靠“物”，而是靠“德”。

一个小沙弥，化缘时与一个农妇发生了争吵，双方互不相让，互相撕扯起来，结果都把对方的脸给抓破了，其他和尚赶来，才把他们劝开，并把受伤的小沙弥送回寺院。

老师父得知一切之后，并没有教训小沙弥，反而寻找布匹，并亲自带着小沙弥去给农妇送布匹赔礼道歉。这样一来，那个农妇也通情达理了，说这个事情都怪自己，不该和来化缘的小沙弥争吵并动手。

从农妇家回来的时候已经很晚了，很难看清道路，一个没注意，老师父被一块石头绊倒了，小沙弥扶起师父后，狠狠地踢那块石头。老师父制止了小沙弥的行为，对他说："石头本来就在那里，它又没动，是我不小心踩上去的，不能怪它啊，我应该向它道歉才对，这次磕绊是自找的。"

小沙弥愣了一会儿，终于领悟了，非常自责，歉疚地说："对不起，师父，今天是我错了，今后我一定注重个人修养，学会吃亏，乐于吃亏。"

德是万福之源。中华五千年的文化传统认为，人世间的大善莫过于修德。有德之人，修养很好，有容人之量，不为身外之物左右心境，上天必将赐福于他。而且，厚德之人的朋友也多，因为他们能包容别人的过错，理解别人的错误，更会以默默的爱心去原谅和感化对方。

北宋名相张齐贤当年由右拾遗升为江南转运使，一天举行家宴，一个仆人偷了几个银器藏在怀中，张齐贤在门帘后看得清楚，却不过问。后来张齐贤晚年做了宰相，他家里的奴仆也有很多都做了官，只有偷银器这位一直没有官职俸禄。

这位奴仆趁空闲时间跪在张齐贤的面前，说："我侍奉相公您的时间最长，凡是比我后来的人都做了官，相公唯独漏了我，这是为什么呢?"他一边说一边不停地哭。

张齐贤同情地说："我本来不想说，你却埋怨我。你还记得在江南时你偷了我几件银器的事吗？我把这事藏在心中已经三十年了，没有告诉任何人。我位居宰相，激励贤良，斥退贪官污吏，怎么可以推荐一个小偷做官呢？看在你侍候了我很长时间的份上，现在给你三十万钱，你离开我的家门，到别处去自己选择个安身之所吧。因为我既然揭发了你过去的事，你必定愧对于我，就不能再留下去了。"仆人非常震惊，哭着告别而去。

这就是有德之人"宰相肚里能撑船"的智慧。德与利相比，利轻如鸿毛。

厚德载物不是空虚的说教，是不计前嫌真正地谅解对方，理解对方的难处，关注别人的可爱美好之处。

从前，有个小徒弟，他对所有的事都有怨气，整天都在喋喋不休。他的师父对此很不满意。有一天，他让徒弟去取一些盐回来。小徒弟唠叨不断：“拿个盐这么小的事儿也让我做！”尽管不情愿，但还是把盐取了来，师父看了看他，说：“去拿个水杯，倒上水。”小徒弟噘着嘴照做了。“喝下去。”师父说。小徒弟撇撇嘴，还是喝了那杯盐水，但是一口又吐了出来。“味道如何？”师父看着他问。“很咸。”小徒弟老老实实地回答。

师父笑而不语，让徒弟带着一些盐和自己一起去湖边。来到湖边后，师父让徒弟把盐撒进湖水里，然后对他说：“现在你喝点湖水。”徒弟喝了口湖水。

师父又问：“有什么味道？”

徒弟说：“很清凉。”

师父接着问：“有咸味吗？”

徒弟说：“没有。”

于是，师父对着这个常常抱怨的徒弟，意味深长地说：“其实人生的牢骚就如同这些数量有限的盐，而这些牢骚的程度，取决于我们承受牢骚的容积的大小。所以当你感到要发牢骚时，就把你承受的容积放大些，不是一杯水，而是一片湖的时候，你就不觉得要发牢骚了。”

厚德载物的人心中就是这片广博的湖水，他们知道在这个世界上与人为善并不难，重要的是以德润身。他们拥有上善若水的智慧，把自己修炼成为有德之人。